BEOBACHTUNGEN UND ERFAHRUNGEN AUS DEM GARTENJAHR

GARTENTAGEBUCH

Land|lust

Die Autorin Renate Tegtmeyer ist Journalistin und verbindet den Garten ihrer Kindheit mit Goldlack, Zinnien und mit Unkrautjäten statt Freibadspaß. Die Faszination Garten hat sie erst in eigenen Beeten entdeckt.

Dr. Christa Huchzermeyer hat fachlich beraten. Sie ist Ärztin und seit ihrer Kindheit damit beschäftigt, Pflanzen zu entdecken, zu ziehen und zu pflegen, beste Bedingungen für sie zu erkunden und Weiterentwicklungen zu verfolgen.

Die Gartenliebhaberinnen
Renate Tegtmeyer (links) und
Dr. Christa Huchzermeyer (rechts)
berichten Monat für Monat
aus ihrem Gartenjahr.

ZU DIESEM BUCH

Was schätzen Gartenfreunde mehr als den Gedanken-
austausch mit Gleichgesinnten: Die beiden engagierten
Gärtnerinnen Renate Tegtmeyer und Dr. Christa Huchzermeyer haben in der Zeitschrift Landlust ihre Erfahrungen
und ihr Praxiswissen als Gartentagebuch in einer Serie
veröffentlicht.

Nun ist ein Geschenkbuch daraus entstanden, für Gartenbesitzer, Gartenliebhaber und für jene, die es noch werden
möchten. Mit Tipps für die Gestaltung, die Pflege und für
den Genuss. Wir wünschen viel Freude bei der Lektüre.

Die Landlust-Redaktion

DER GARTEN IM ...

Januar

Der lateinische Name „ianua“
bedeutet Tür, Zugang. Ein alter
deutscher Name für den Januar
ist „Hartung“, abgeleitet von
hart im Sinne von kalt, gefroren.

DER GARTEN IM
JANUAR

*J*anuar – das ist der Monat, in dem die Hektik des vergangenen Jahres ad acta gelegt wird. Spätestens wenn der Weihnachtsbaum entsorgt ist und die Fenstersterne in der Weihnachtsschachtel verschwunden sind, ist Zeit zum Luftholen. Zeit für den besonderen Winterschlaf der Gärtner. Zeit für Tee und Kaminfeuer oder den warmen Fensterplatz an der Heizung. Zeit für das Sofa, auf dem sich mit untergezogenen Beinen und Kuscheldecke so herrlich fläzen lässt, umgeben von Bücher- und Zeitschriftenstapeln. Der größte Gärtnergenuss im Januar ist nämlich, die dicken Gartenbücher aus den Regalen zu holen, sorgfältig aufbewahrte Jahrgänge von Gartenzeitschriften daneben zu stapeln, die neuesten Pflanzenkataloge in Griffweite zu legen und alles systematisch zu durchforsten.

Jetzt ist alles sichtbar

Wonach? Zuerst einmal nach dem Sommer. Denn eigentlich können wir kaum glauben, dass unsere kahlen Lieblingsbäume und -sträucher, die braunen oder beschneiten Beetflächen, die von Maulwurfshügeln durchforsteten Rasenflächen je wieder ihre Pracht entfalten. Jetzt werden mit einem Blick aus dem

*„Viele Januarblüten sind so klein, dass man
sie im Hochsommer kaum bemerken würde.
Wenn der Garten jedoch kahl ist, wird jede winzige
Blüte so bewundert, wie sie es verdient."* Margery Fish (1893–1969)

*Fenster die Strukturen des Gartens überprüft, die im Januar so
gut zu sehen sind. Jetzt wird überlegt, ob die Staude in diesem
Katalog oder der Pflanzplan in jenem Buch auch im eigenen
Garten machbar sind – da ist doch noch Platz?*

Keine Lustkäufe mehr?

*Wer das zwei Winter hindurch praktiziert hat und im Sommer
mit den Ergebnissen leben musste, wird spätestens jetzt richtig
wach. Keine vergessenen Schätze mehr, die von Neupflanzungen
bedrängt werden. Keine (oder fast keine) Lustkäufe mehr, die zu
Hause einfach nicht unterzubringen sind. Das haben wir uns
im letzten Sommer geschworen. Also versuchen wir, realistische
Gartenpläne zu machen. Dafür ist hilfreich, dass jedes Beet
seinen Namen hat. Manchmal ganz pragmatische wie das gelbe
oder blaue oder das Schattenbeet. Manchmal originelle wie die
Waldecke, der Feldherrnhügel oder die Akeleitanzfläche. Das
hilft der eigenen Orientierung und der Verständigung, wenn
nicht nur eine Person den Garten mit Leidenschaft bearbeitet.*

Größer als gedacht

*Bei klugen Gärtnern gibt es außerdem Fotos aus dem letzten
Sommer, die alles festhalten, was nicht so gut geklappt hat.
Wenn die auf dem Tisch ausgebreitet sind, ist zu sehen, dass*

vorn im Grasbeet das wunderschöne Chinaschilf „kleine
Fontäne" nicht so klein ist wie gedacht und mit seinen fast zwei
Metern Höhe weiter nach hinten gehört. An diese Stelle könnte
gut die Schneemarbel (Luzula nivea) gepflanzt werden, die mit
ihren höchstens 40 cm Höhe einen stiefmütterlichen Platz an
der Mauer hat. Oder vielleicht mal was ganz anderes, etwas
Blühendes, Blaues? – Im blauen Beet übrigens hat sich Thalic-
trum flavum verirrt, eine wunderschöne gelbe Wiesenraute,
die genau die unschöne Lücke im gelben Beet füllen könnte.
Wer in der seltenen und glücklichen Lage ist, einen Garten völlig
neu planen und strukturieren zu können, macht das am besten
im Januar. Da dürfen dann alle Träume aufs Papier. Danach
wird überprüft, ob die Bedingungen stimmen, die unsere
Wunschpflanzen brauchen. Ist der Boden schwer oder sandig?
Haben wir einen Sonnengarten oder eher Halbschatten auf den
Beeten? Überwuchern unsere Lieblingssträucher demnächst die
Pflanzflächen? Werden die Wunschbäume direkt am Haus in
ein paar Jahren so groß, dass kein Licht mehr ins Wohnzimmer
fällt? Apropos Wunschbäume: Für kleine Gärten gibt es eine
Reihe von Sorten, die nicht „in den Himmel" wachsen und
trotzdem wunderschön sind, einige sind auf Seite 12 genannt.

Gang durchs Gelände

Diejenigen, die ihren Garten seit Jahren bearbeiten (ohne
dass er im Übrigen je fertig wird), die sollten jetzt ab und zu eine
Runde durch ihr Gelände machen. Gummistiefel, dicke Jacke,
Schal und Mütze: Der Umstand lohnt sich. Die Gartenschätze des
Januar sieht und riecht man vor allem aus der Nähe. Wenn der
Januar nicht unter einer dicken Schneedecke verschwindet, zeigt er
uns die Blüten der ersten Winterlinge (Eranthis hyemalis) und der
Schneeheide (Erica carnea). Auch die Schneeglöckchen (Galanthus
nivalis) spitzen ihre weißen Knospen in die Höhe.

Dann die Sträucher: Die Chinesische Winterblüte (Chimonanthus praecox) lockt mit ihrem Duft. Der Duftschneeball (Viburnum farreri) steht ihr in nichts nach. Und wer seine Nase in die aparten Blüten der Zaubernuss (Hamamelis mollis) steckt, der denkt an einen Honigtopf. Wer es über sich bringt, einen kleinen Zweig abzuschneiden und ins warme Zimmer zu stellen, wird mit dem Duft belohnt. Es scheint, als ob die im Winter blühenden Sträucher mit ihren Düften sich ganz allein für den Januargärtner so anstrengen. Wer sonst soll von ihnen angezogen werden? Keine frühe Biene, keine mutige Hummel ist in Sicht. In ihrer Heimat mag das anders sein: In den ostasiatischen Ländern, in denen die Pflanzen zu Haus sind, gibt es vermutlich Insekten, die ebenso entzückt sind wie wir.

Für den Januargärtner

Ein kleiner Star unter den Winterblühern ist Cyclamen coum, ein winziges Alpenveilchen. Von seinen runden Blättern umgeben steckt es Ende Januar einen kleinen Stiel in die Höhe, an dem ein kräftig pinkfarbenes Blütchen, nicht größer als der Nagel des kleinen Fingers, der Kälte trotzt. Das Gesicht mit seinem weißen Ring nach unten gekehrt steckt es seine fünf Blütenblätter hinter sich in die Höhe.

Trotz verschiedenen Entzückens treibt uns das ungemütliche Winterwetter bald wieder ins Haus. Aber erst, nachdem das Futterhäuschen bestückt ist. Vielleicht überleben die gefiederten Gartengäste auch ohne unser Zutun. Aber wir schaden ihnen auch nicht, und im und am Futterhäuschen können wir sie beobachten. Die Blaumeisen turnen, dass es eine Art hat, und die Schwanzmeisen fallen mit ihrer ganzen Sippe ein. Die Amseln müssen sich mit

Der Januar ist der Monat des Winterschlafs
und der überraschenden Düfte.

*Heruntergefallenem zufriedengeben, weil das Häuschen zu eng ist.
Dafür tummeln sich neuerdings wieder Spatzen darin, manchmal
sogar an den Meisenknödeln. Die Dompfaffen, früher häufig
zu Gast, lassen sich in diesem Jahr nicht sehen. Dafür spaziert
ein Fasan mit seinem prächtigen Federkleid über den Winterrasen,
und auch ein Buntspecht lässt sich blicken.*

*In einem Garten sollen sich alle wohlfühlen können: Gärtner
und Gärtnerin, Bäume, Sträucher, Stauden und sonstige Lieblingspflanzen – und nicht zuletzt die Tiere.*

*Auch das ist ein Kriterium für einen Garten: Die gelungene
Balance zwischen gepflegter Anlage und naturbelassener
Wildnis zeigt sich auch darin, ob Tiere sich hier wohlfühlen.
Über die Wühlmäuse reden wir ein anderes Mal.*

BÄUME FÜR KLEINE GÄRTEN

Auch für kleine Gärten gibt es attraktive Bäume und Sträucher. Einige Beispiele:

- WEINBLATTAHORN *ACER CIRCINATUM*
  Höhe bis 5 m, Breite bis 6 m
  Herbstfärbung orange-rot

- BLUMENHARTRIEGEL *CORNUS FLORIDA/KOUSA*
  Höhe bis 6 m, Breite bis 8 m
  weiße oder rote Scheinblüten, Herbstfärbung
  rot bis violett, feuchte, leicht saure Böden

- GOLDREGEN *LABURNUM*
  Höhe bis 8 m, Breite bis 8 m
  In allen Pflanzenteilen giftig

- ZIERAPFEL *MALUS*, verschiedene Sorten
  Höhe bis 6 m
  Blüten weiß, rosa, rot, Früchte gelb, rot

- JAPAN-ZIERKIRSCHE *PRUNUS SERRULATA*
  Höhe 4 bis 12 m, Breite bis 10 m
  Blüte je nach Sorte weiß, rosa, rosarot

- VOGELBEERE *SORBUS VILMORINII*
  Höhe bis 5 m, Breite bis 5 m
  weiße Blüten, lachsrote Beeren, schöne Herbstfärbung

- TROMPETENBAUM *CATALPA BIGNONIOIDES* 'NANA'
  Höhe bis 4 m, Breite bis 6 m

Notizen und Termine im
JANUAR

1 _____

2 _____   17 _____

3 _____   18 _____

4 _____   19 _____

5 _____   20 _____

6 _____   21 _____

7 _____   22 _____

8 _____   23 _____

9 _____   24 _____

10 _____   25 _____

11 _____   26 _____

12 _____   27 _____

13 _____   28 _____

14 _____   29 _____

15 _____   30 _____

16 _____   31 _____

Februar

Der Februar ist nach dem
römischen Reinigungsfest Februa,
lateinisch februare = reinigen, benannt.
Hornung ist ein alter deutscher Name.
Er gibt einen Hinweis auf Hörner/
Geweihe, die vom Wild in diesem
Monat abgeworfen werden.

DER GARTEN IM
FEBRUAR

*D*er Februar macht endgültig Schluss mit dem Winterschlaf.
*Der ausgeruhte Gärtner krempelt jetzt innerlich die Ärmel hoch
und sucht äußerlich nach der dicken Gartenjacke. Die linden
Lüfte sind nämlich eher selten in diesem Monat. Aber der Blick
in den Garten zeigt: Jetzt ist es Zeit für eine Art Grundreinigung.
Die erste große Herausforderung im Gartenjahr: Weg mit den
Winterresten!*

Wohin jetzt treten?

*Der Garten will befreit werden von Altlasten und zwingt uns zu
genauem Überlegen. Der Blick über das braune Beet sagt uns
nicht, dass hier demnächst die Hosta undulata 'Mediovariegata'
wächst, die dekorative Funkie mit den gewellten Blättern. Und
dort, wo Ende Juli das rotbraune Blütenmeer der Sonnenbraut
Helenium 'Moerheim Beauty' leuchtet, ist jetzt nur eine kleine
Erhebung zu sehen. Nur die Fetthenne Sedum telephium
'Herbstfreude' ist auch jetzt erfreulich. Ihre Triebe zeigen sich
deutlich wie ein grünes Bukett am Boden.*

*Handfestes Arbeiten, reaktiviertes Wissen und leises Ahnen
bringen den Februar-Gärtner ständig in die Zwickmühle, wohin
er treten soll. Die Füße in groben Arbeitsstiefeln müssen in den*

„Jeder, der eine Mauer oder ein Stück unbepflanzten Garten-
zaun übrig hat, sollte sich und den Mitmenschen das Vergnügen
gönnen, den Winterjasmin zu pflanzen. Es gibt kaum Schöneres,
als mitten im Winter aus dunklem Grün den leuchtendgelben
Wasserfall seiner Blüten zu sehen. " Beverley Nichols (1898–1983)

Beeten eher zart gesetzt werden. Auch die kleinen Markierungs-
stöckchen, die oft mit den Namen der hier wachsenden Schönheiten versehen sind, helfen da wenig. Wo ist jetzt die Pflanze
noch mal – rechts oder links? Dieses Februar-Gartenballett
erinnert an Eiertanz – nach Elfen jedenfalls sieht es selten aus.

Luft für die Knospen

Bei diesem Tanz werden die Stauden geschnitten, deren Blütenstände im Schnee so apart aussahen. Jetzt geht es den erfrorenen
Blattständen an den Kragen, die sich auf den Boden legen
und zu Paradiesen für Pilze und Schnecken werden, wenn wir
nicht eingreifen. Das betrifft zum Beispiel die Sorten des
Helleborus, der Christ- und Lenzrosen, deren Blätter direkt aus
dem Boden wachsen (basaler Blattwuchs). Wer hier rechtzeitig
die schwarzen, auf dem Boden liegenden Blattkränze wegschnei-
det, entfernt Brutstätten für Unerwünschtes und verschafft den
Knospen Luft. Prächtige Blütenstände sind die Belohnung für
den Gärtner. Mit ein bisschen Glück lässt sich dann der geliebte
Helleborus niger, die klassische Christrose, noch einmal dazu
herab, in einer versteckten Ecke wunderschöne Blüten zu zeigen.
Die immergrünen und stammbildenden Sorten der Helleborus-
Arten wie die Palmschneerose oder Helleborus nigercors (üppig
blühende Kreuzung zwischen einer stammbildenden Sorte und
der klassischen Christrose) werden nicht geschnitten.

*Ist der Tanz beendet, liegen Berge von abgestorbenen Pflanzentei-
len in der Schubkarre oder auf dem Rasen. Die harten Teile des
Staudenschnitts, die hohen braunen Gräser und die Hortensien-
stiele werden am besten sofort geschreddert und auf den Beeten
verteilt, bevor Narzissen und Krokusse ihre Spitzen zu weit aus
der Erde gestreckt haben. Alles andere lässt den Kompost wieder
wachsen, der in den letzten Monaten sichtlich geschrumpft ist.*

Die Handschere parat

*Die Scheren haben im Februar ihren großen Auftritt. Ob hand-
liche Damenschere für Links- oder Rechtshänder, Amboss- oder
Bypassschere, Knarrenschere, Hecken- und Astschere, Handsäge
oder die gewöhnliche Küchenschere in robuster Ausführung:
Neben der Lieblingsschere empfiehlt es sich, auch die anderen in
Reichweite zu legen. Für die Handscheren hängt man sich am
besten eine Tasche mit Fächern um die Taille, um sie parat zu
haben und sie auf dem Boden nicht aus den Augen zu verlieren.
Gärtnerinnen und mutige Gärtner seien an die kleinen Cocktail-
schürzen erinnert, die noch irgendwo im Schrank liegen. Sie
eignen sich prima, es muss durchaus nicht immer die Utensilien-
Bauchtasche aus Hirschleder sein.*

Empfehlungen und Erfahrungen

*Für Januar oder Februar wird der Obstbaumschnitt empfohlen.
Gute Erfahrungen sprechen allerdings für den Schnitt im Herbst
bald nach der Ernte, der dafür sorgt, dass weniger neue Wasser-
schosse entstehen. – Wer übrigens nicht unbedingt die große
Apfelernte braucht, der lässt die Krone zu einem dichten Dach
wachsen, unter dem man gut sitzen kann. Apfelbäume haben von
Natur aus eine wunderschöne Gestalt, oft mit elegant geschwun-
genen Stämmen. Äpfel gibt es trotzdem genug, mehr als eine
Familie essen kann.*

„Meine Winterlinge begannen Ende Januar zu blühen;
dann kam der Frost und verwandelte die Blüten in
kleine kandierte Aprikosen, wie man sie früher zu
Weihnachten geschenkt bekam. Sie glitzerten, sie
funkelten im Frost. Dann verzog sich der Frost,
und sie entfalteten an einem Februartag ihr volles,
weiches Butterblumengelb ...“ Vita Sackville-West (1892–1962)

Zurück zum Schneiden. Ist die Arbeit beendet, liegt der Garten
voller Äste. Jetzt kann der Schredder aktiviert werden. Vorher aber
empfiehlt es sich zu sortieren: Der rote, grüne und gelbe Hartriegel
lässt sich zu wunderbaren Kränzen in jeder Größe winden. Auch der
Weidenschnitt lässt sich gut verarbeiten: zu geflochtenen Weiden-
wänden, Kränzen oder Körben. Am besten mal ausprobieren oder
einen der Kurse besuchen, die jetzt überall angeboten werden.

Grobschnitt für Hecken und Formgehölze

Wer inzwischen Blasen an den Händen hat, pflegt sie ein
paar Tage. Dann kommt ein Pflaster darüber und weiter geht's:
Alle Hecken und Formgewächse sollten jetzt in ihre Grundform
geschnitten und von alten, abgestorbenen Trieben befreit werden,
egal ob Buchs oder Liguster, Taxus oder Hainbuche. Diese
Empfehlung gibt die Fachhochschule für Landbau/Landespflege
in Pillnitz. Die Vorteile liegen auf der Hand: Bei dem nötigen
Grobschnitt ins Holz haben die Pflanzen Gelegenheit, sich zu
erholen und wieder auszutreiben. In der Sommerhitze ist zum
Beispiel die Buchshecke nach einem solchen Schnitt oft gestresst
und wird unansehnlich. Außerdem ist der Februarschnitt prak-
tisch: Im Juni ist so viel anderes im Garten zu tun, da ist es

wunderbar, wenn nur vereinzelte vorwitzige Zweige nachgeschnitten werden müssen. Ganz ordentliche Gärtner schneiden ihre Buchshecke trotzdem noch einige Male im Sommer. Die Pflanzen allerdings fühlen sich bei den gelassenen Heckenschneidern sichtlich wohler, und ihre Buchshecken sind offenbar weniger anfällig zum Beispiel für Glyphodes perspectalis, den berüchtigten Buchsbaum-Zünsler.

Mit gutem Gefühl dem Frühling entgegen

Der Februar hat so schöne Seiten. Sind die braunen Altlasten entsorgt, hat der Gärtner das gute Gefühl, dass die Gartenarbeit vielleicht auch in diesem Jahr zu schaffen ist. Dann hat er auch wieder Augen für die Schneeglöckchen, die zu dicken weißen Nestern geworden sind. Übrigens nicht nur im Garten, sondern auch unter den alten Pappeln am Fluss, mitten in der Wildnis. Die Winterlinge leuchten wie kleine Verheißungen, und die frühen Alpenveilchen lassen das Gärtnerherz weit werden. Die Kraniche sind hoch oben zu hören, und auch ein Schwarm wilder Gänse zieht knarzend am Himmel dahin. Wir haben es schon nicht mehr geglaubt, aber auch in diesem Jahr ist es wahr: Der Frühling lässt sich nicht aufhalten.

DIE TOTHOLZHECKE

Im Februar werden viele Sträucher und Bäume geschnitten. Wer nicht weiß, wohin mit dem Schnittgut, der kann über das Aufschichten einer Totholzhecke oder Benjeshecke im Garten nachdenken. Benannt ist sie nach Hermann Benjes, der sie in den 1980er Jahren bekannt gemacht hat. Die Hecke bietet vielen Tieren Schutz und Nahrung und erlaubt im Garten verschiedene Gestaltungsmöglichkeiten.

- Etwa gleich starke und lange Äste mit einem Durchmesser von mindestens fünf Zentimetern und einer Höhe von 1 Meter bis 1,50 Meter werden in einer Reihe senkrecht in die Erde gesetzt. Der Abstand zwischen den Ästen beträgt einen halben bis einen Meter. Wer Weidenäste verwendet, kann damit rechnen, dass sie ausschlagen und so die Hecke begrünen. Wer keine Äste zur Verfügung hat, holt sich im Holzhandel entsprechende Pfahlhölzer.

- Eine zweite Reihe solcher Äste oder Pfähle mit gleichen Abständen wird gegenüber der ersten Reihe gesetzt. Die Breite des Zwischenraums – der späteren Hecke – richtet sich nach dem vorhandenen Platz. Faustregel ist eine Breite von 50 bis 150 Zentimetern. Die Breite und Länge der Hecke kann dem Garten angepasst werden.

- Der Raum zwischen den beiden Ast- bzw. Pfahlreihen wird nun mit kleineren und größeren Zweigen und Ästen gefüllt und etwas zusammengedrückt. Schnittgut von immergrünen Gehölzen wie Fichten oder Eiben gar nicht oder nur in großen, luftigen Abständen einfüllen. Im Lauf des Jahres kann immer wieder Strauchschnitt in die Hecke gefüllt werden. Mit der Zeit verrottet das zuunterst liegende Material zu Humus und oben ist wieder Platz.

- Gerät die Hecke aus der Form, können die gegenüberliegenden senkrechten Äste ersetzt werden oder man verbindet sie am oberen Ende durch Seile oder Draht. Das Schnittgut muss dann daruntergesteckt werden.

- Wer die Sichtseite der Hecke dekorativ gestalten will, kann sie mit Flechtwerk-Elementen aus Weide oder Astwerk verkleiden. Auch die günstigen Schwartenbretter aus dem Holzhandel eignen sich, wenn die Abstände zwischen ihnen genug Luft in die Hecke lassen.

- Die Hecke lässt sich auch mit einem Sommerkleid aus Wicken, Kapuzinerkresse oder anderen Kletterpflanzen wie Clematis oder Efeu bepflanzen. So verschwindet das Geäst hinter Grün und Blüten.

Notizen und Termine im
FEBRUAR

1 _____

2 _____

3 _____

4 _____

5 _____

6 _____

7 _____

8 _____

9 _____

10 _____

11 _____

12 _____

13 _____

14 _____

15 _____

16 _____

17 _____

18 _____

19 _____

20 _____

21 _____

22 _____

23 _____

24 _____

25 _____

26 _____

27 _____

28 _____

März

Der März ist der Monat des
Frühlingsbeginns. Der lateinische
Name „martius" erinnert an den
römischen Gott Mars. Lenzig, ein alter
deutscher Name, bedeutet so viel wie
länger werdender Tag.

Der Garten im
MÄRZ

*D*ie *große März-Versuchung sind bunte Samentüten.*
Klein, vielversprechend und einfach verführerisch. Die bunten
Tütchen verdienen ein genaueres Hinsehen. Sie haben das
Potenzial, Lückenfüller in den sommerlichen Beeten zu werden,
die auch noch farblich perfekt passen. Für viele Gärtner ist es
das Größte, wenn die ersten grünen Pickelchen im Anzuchtka-
sten zu sehen sind. Ungeduldig warten sie darauf, die Pflänz-
chen in Eierkartons oder Minitrailer pikieren zu können, die
dann die Fensterbänke in allen Räumen des Hauses belegen.

Auf der Fensterbank im Badezimmer

Wer Platz und Lust zur Anzucht hat, fängt im Vorfrühling an,
also etwa zur Schneeglöckchenblüte. Gebraucht werden flache
Anzuchtkästen und einfache Blumenerde ohne Dünger. Dann
können Löwenmäulchen (Antirrhinum), Spinnenblumen
(Cleome) oder Zinnie (Zinnia) ausgesät werden. Sie brauchen
mehr als 18 Grad, um vorzutreiben. Gut geeignet ist die
Badezimmer-Fensterbank. Da ist der Kontrollblick beim
Zähneputzen ebenso gewährleistet wie menschliche Zuwendung
in Form von Badewannen- oder Duschliedern. Die fleißigen
Lieschen (Impatiens) oder die Schmuckkörbchen (Cosmos)

Rosen nehmen kaum etwas übel.
Sie treiben und blühen, verabschieden sich
manchmal bei starkem Frost und wachsen
nicht selten einfach über den Gärtner hinaus.

*treiben bei 15 Grad. Hier ist das Schlafzimmer gefragt. Nichts
kann dem leidenschaftlichen Gärtner den ersten und letzten Blick
des Tages auf verheißungsvolle Anzuchtkästen ersetzen. Weniger
als 15 Grad brauchen Sommerastern (Callistephus), Sommerphlox
oder die Studentenblume (Tagetes), ideal im kühlen Treppenhaus
mit viel Licht. Wenn die Zimmertüren nicht mehr ohne Sprünge
erreichbar sind, könnte über den Bau eines kalten Kastens
nachgedacht werden. Diese Temperatur brauchen etwas später
im Erstfrühling zur Buschwindröschen- und Himmelsschlüssel-
Blüte auch Sonnenblumen (Helianthus), Levkoje (Matthiola)
und Kapuzinerkresse (Tropaeolum). Sind die Pflänzchen in den
Kästen groß genug, werden sie pikiert und in kleine Töpfchen
gesetzt. In lockere Erde, der etwas Kompost beigemischt ist.*

Dahlien in die Tüte

*Übrigens eignen sich Eierkartons oder -paletten dafür ebenso wie die
kleinen Zehnerpacks, in denen einjährige Pflanzen verkauft werden.
Wer nicht genug davon aufgehoben hat: Sie sind oft in großen
Mengen in der Entsorgungsecke des Friedhofs zu finden. Wenig
Anzuchtarbeit machen der leuchtende Goldmohn (Eschscholzia),
Mohn (Papaver) in allen Farben und Formen, Duftwicke (Lathyrus),
Jungfer im Grünen (Nigella) oder Ringelblumen (Calendula). Sie
werden am besten an Ort und Stelle im Beet ausgesät, sobald der
Boden abgetrocknet ist. Noch ein Tipp zum Vorziehen: Die Dahlien,
die eigentlich erst mit den Kartoffeln in die Erde gebracht werden
sollten, können frostgeschützt und an einem hellen Ort wunderbar
vorgetrieben werden. Werden die Knollen im März in Plastiktüten
mit einfachster Blumenerde gesetzt und feucht gehalten, brauchen
sie nicht so lange bis zur Blüte, sind weniger anfällig für Schnecken-*

fraß und können dann ins Beet eingepflanzt werden, wenn Lücken erkennbar werden. Die Tüten bis auf ein Drittel herunterkrempeln, damit nichts schimmelt!

Auch wenn die Frühlingssonne lockt, Vorsicht mit dem Betreten der Beete, besonders bei schweren Böden. Den richtigen Zeitpunkt für die Bearbeitung der Beete ergibt der Test mit einer Handvoll Erde. Wenn beim Zusammendrücken Wasser herauskommt oder ein fester Ball entsteht, ist der Boden zu nass. Auch der Spaten ist mit Vorsicht zu genießen. Im Staudenbeet hat er nur etwas zu suchen, wenn Pflanzen geteilt, aus- oder eingegraben werden sollen. Wer das Beet auflockern möchte, nimmt besser eine Grabegabel.

Rauf aufs Beet!

Jetzt sind die ersten Triebe an Stauden und Sträuchern zu sehen. Das fordert die Fürsorglichkeit des Gärtners heraus: Mit Dünger für jede mögliche Pflanzenart, mit Blaukorn, Hornspänen, Kompost, mit dem Besten, was auf dem Markt ist! Alles, was irgendwie nähren kann, muss rauf aufs Beet! – Das Ergebnis ist ein mit allen möglichen Tüten überfülltes Gartenhäuschen und im Beet ein Effekt wie bei überfütterten Kindern. Die Pflanzen schießen ins Kraut, wo sie es nicht sollen, oder verkümmern, weil sie die Dröhnung nicht vertragen.

Wer Kompost hat, ist gut dran. Im Staudenbeet verteilt, höchstens fünf bis zehn Liter pro Quadratmeter, sorgt er für gute und aus- reichende Nahrung. Manchen Pflanzen wie den Wildstauden ist schon das zu viel, zum Beispiel der Schafgarbe (Achillea). Diese Pflanzen werden dann zu mächtig und fallen leicht um. Andere Pflanzen dagegen brauchen ein bisschen mehr als Kompost. Dazu gehören die Prachtstauden wie Rittersporn (Delphinium), viele Phloxsorten, die Sonnenbraut (Helenium) und die Einjährigen. Hier helfen Hornspäne. Insgesamt aber gilt: mit Dünger sparsam

Ein Gärtner sollte seine Beete nicht betreten,
bevor der Boden abgetrocknet ist.

umgehen. Die meisten Gartenböden sind eher überdüngt als hungrig. Im Zweifel hilft eine Bodenanalyse. Wer alles genau wissen will, hat schnell die Regale voller Gartenbücher. Das kann hilfreich sein. Wichtiger aber ist die eigene Beobachtung: Genau hinsehen, notieren, wie sich eine Pflanze entwickelt und wo eine andere sich verabschiedet. Ausprobieren, was möglich ist. In seinem Garten sollte jeder sein eigener Forscher sein. Der Austausch über diese Erfahrungen ist dann noch einmal ein ganz anderes Gärtnerglück.

Rosenschneiden kein Problem

Der März lässt die Forsythien blühen. Jetzt können endlich die Rosen geschnitten werden. Auch das ist zur viel beschriebenen Wissenschaft geworden. Wer historische Rosen hat, sollte Augen

und Auslichten vergessen. Stattdessen so schneiden, dass die Blüten in Nasenhöhe wachsen und so, wie die Rosen ins Beet passen. Also etwa in 1,20 bis 1,50 Meter Höhe, rundlich, gerade oder schräg. Das sieht jetzt eher struppig aus, ist später dafür umso schöner. Für alle anderen Rosen gelten die bekannten Schnittempfehlungen. Zwei Anmerkungen dazu: Rosen kann man gut nach dem Standort und seinen Bedürfnissen schneiden. Zum Beispiel die Strauchrose, deren Blüten im Sommer von den Buchskugeln gestützt werden. Die zweite Anmerkung ist beruhigend: Rosen nehmen kaum etwas übel. Sie treiben und blühen, verabschieden sich manchmal bei starkem Frost und wachsen nicht selten einfach über den Gärtner hinaus.

Ein Wort zum Rindenmulch ...

Rindenmulch wird jetzt gern als dekoratives Element in den Beeten eingesetzt. Der Mulch ist in Mode gekommen und hat den Ruf, Unkraut zu unterdrücken, dem Garten ein gepflegtes Aussehen zu geben und die Gartenarbeit auf ein Minimum zu reduzieren. Der Traum vieler Gartenbesitzer: Hecke, Rasen und dazwischen ein brauner Rand von Rindenmulch. Der Gärtner dagegen legt seinen Garten so an, dass in ein paar Wochen kaum noch nackter Boden zu sehen ist. Hartnäckiges Unkraut wie Giersch, Quecke oder Löwenzahn wächst im Übrigen auch im Rindenmulch. Im Gegensatz zu Rittersporn oder Phlox – sie verhungern hier leicht. Gut abgelagerter Rindenmulch, der Kahlstellen im Beet abdeckt oder ein neu angelegtes Beet ansehnlicher macht, kann zweifellos hilfreich sein. Die Stauden müssen dann zusätzlich mit etwas Dünger versorgt werden. Als bestimmendes Gestaltungselement im Garten – drei Zentimeter hoch verteilt – nimmt der Rindenmulch jedoch dem Boden die Luft zum Atmen und wirkt eher langweilig.

Ansonsten schenkt der März den einen oder anderen wundersam warmen und sonnigen Tag. Wer kann, sollte das feiern. Zum Beispiel mit einer Tasse Tee im Gartenstuhl inmitten blühender Narzissen und umgeben von Meisen, die mit dem Nestbau beschäftigt sind.

TIPPS ZUM GARTENSTART

- Wer einige Dahlien in Töpfen wachsen lässt, hat auch im Hochsommer noch die Möglichkeit, Beetlücken zu füllen.

- Cosmea in allen Farben und Höhen vorziehen: Auch sie können später ausgepflanzt werden und eignen sich hervorragend zur Belebung der sommerlichen Staudenbeete.

- Wer einen sonnigen, warmen Nachmittag dazu nutzt, die Gartenmöbel zu reinigen, hat anschließend das gute Gefühl, dass jetzt der Sommer kommen kann.

- Im Frühbeet oder Gewächshaus sorgt Fensterputzen für Licht und Wärme.

- Erste Samenkräuter wie Vogelmiere, Gartenschaumkraut oder jährige Rispe entfernen. Sie blühen und fruchten auch im Winter und bei niedrigen Temperaturen. Jetzt lassen sie sich leicht herausziehen, und eine spätere Unkrautplage wird eingedämmt.

Notizen und Termine im
MÄRZ

1 _____

2 _____   17 _____

3 _____   18 _____

4 _____   19 _____

5 _____   20 _____

6 _____   21 _____

7 _____   22 _____

8 _____   23 _____

9 _____   24 _____

10 _____   25 _____

11 _____   26 _____

12 _____   27 _____

13 _____   28 _____

14 _____   29 _____

15 _____   30 _____

16 _____   31 _____

April

Der Monatsname April, lateinisch
„aprilis", leitet sich von aperire – öffnen,
bezogen auf die Knospen – oder apricus
(sonnig) ab. Alte deutsche Namen sind
Ostermond, Grasmond oder Launing.

DER GARTEN IM
APRIL

*D*er April macht bekanntlich, was er will. Wer meint, das
gilt nur für das Wetter in diesem Monat, der hat keinen Rasen.
Hier wachsen jetzt nicht nur Moos, Gänseblümchen und
Löwenzahn, sondern gern auch Maulwurfshügel oder glatzen-
ähnliche Kahlstellen. Besonders statusbewusste Gartenbesitzer
bringt das zur Raserei. Sie nehmen den Kampf auf, düngen
und vertikutieren.

Rasenträume ...

Golfrasenträume enden gern in Löwenzahn: Wir können zwar
englischen Rasensamen, nicht aber englische Klimaverhältnisse
importieren. Das Gerücht von minimaler Pflege hat sich nach
dem ersten Sommer erledigt: Perfekter Rasen ist erheblich
pflegeaufwendiger als ein Staudenbeet. Abgesehen von der Jagd
nach Unkräutern und Moos und allerlei Spezialgeräteeinsatz muss
er mindestens alle fünf Tage geschnitten werden. Das alles ist
machbar für den Rasengärtner. Wer außer kurz geschnittenem
Gras gern noch anderes in seinem Garten hat, freut sich an den
grünen Wiesenraseninseln mit Gänseblümchen. Sie brauchen
im April ein bisschen Kompost oder Langzeitdünger und regel-
mäßigen Schnitt, bei Nässe öfter, bei Trockenheit weniger.

Rasen steht im Ruf, einen großzügigen Eindruck zu machen.
Das gilt vor allem für Parks. Gärten mit großen Rasenflächen
wirken eher monoton. Sehr kleine Gärten kommen sogar ohne
Rasen aus. Die Kombination von Beeten, Sitzplätzen und Wegen
kann spannend sein. In größeren Gärten haben Rasenflächen als
grüne Inseln zwischen leuchtenden Beeten eine wichtige Funktion:
Sie sorgen für Ausgewogenheit und lassen die Augen zur Ruhe
kommen.

... und Zwiebelwiesen

Wer ein paar Wochen mit einem Stück wilder Wiese leben kann,
dem sei für einen Teil seines Rasens die Anlage einer Zwiebelwiese
empfohlen, in der sich vom Schneeglöckchen bis zur Schachbrett-
blume von Februar bis Mai allerhand tummelt. Diese Wiese
muss allerdings bis Juni ausreifen, damit sie im nächsten Jahr
wieder blüht. Es lassen sich bis dahin aber kleine Wege hinein-
mähen, zu einem Gartenstuhl mittendrin – das hat was.
Zwiebelblumen haben wunderschöne Blüten und danach welkes
Laub. Eine Gärtnerin kam auf die Idee, das Blattgrün der
Narzissen zu verschlingen. Für die Tulpen probiert sie noch aus.
Wer es weniger aufwendig mag, setzt die Blumenzwiebeln
zwischen blattreiche Pflanzen wie Hosta, die den Schönheiten
ihren Auftritt lassen und rechtzeitig aus der Erde kommen, um
nach dem Verblühen das gelbe Laub unter ihren Blättern zu
verstecken. Übrigens: Tulpen, die nur Blätter produzieren, können
aus dem Beet genommen werden; sie sind erschöpft und werden
nicht mehr blühen.

Raus an die Sonne!

Im April ist es Zeit, sich um die Pflanztöpfe zu kümmern.
Die Kübelpflanzen wie Oleander, Olivenbäume, Lorbeer oder
Zitruspflanzen wollen jetzt an die Sonne und regelmäßig
gegossen und gedüngt werden, damit sie zu Hochform auflaufen

können. Wenn es noch mal ein bisschen friert, ist das nicht schlimm, die Pflanzen vertragen bis zu fünf Minusgrade. Die leeren Tontöpfe werden gemustert, geleert, stapelweise ins Regal gestellt oder auf Zaunspitzen gestülpt. Und natürlich bepflanzt. Manches Staudenteil, manches Marktschnäppchen findet hier Asyl, bis der richtige Platz im Beet gefunden ist. Wichtig ist nur, auch bei kühlen Temperaturen das Gießen nicht zu vergessen.

Stauden teilen und tauschen

Spätestens im April kommt das Gespräch unter Gärtnern wieder ins Spiel. Und zwar beim Tausch von Stauden, die zu groß geworden sind. Jetzt werden sie geteilt, sie wachsen dann besser und kräftiger. Es entsteht ein Pflanzenangebot, das von erfahrenen Gärtnern geschätzt wird. Die eine freut sich, dass Überschüssiges nicht auf den Kompost muss, der andere freut sich über Pflanzen für den neu angelegten Garten. Der eine telefoniert: „Sie haben in Ihrem gelben Beet eine Stelle, da passt wunderbar eine Phlomis rein. Ich muss meine teilen. Möchten Sie ein Stück?" Die andere stellt den Spaten bereit und lädt mehrere Interessenten gleichzeitig ein: „Ich sage, was es ist und wie es wächst, und steche ein Stück ab für den, der das möchte." Und nebenbei gibt es Tipps wie den, dass die abgestochenen Pflanzenteile nicht größer als männerfaustgroß gepflanzt werden sollten.

„Allen sonstigen Meinungen zum Trotz
entsteht ein Gärtner weder aus Samen noch aus
Schößlingen, Zwiebeln, Knollen oder Ablegern,
er wächst einzig und allein durch die Erfahrung,
durch die Umgebung und durch Naturbedingungen."

Karel Capek (1890–1938)

Namenlose Schätze

Kürbissorten und Rosendünger, Rasenschnitt und Beetanlage – zu allem gibt es Erfahrungen, gute Tipps und immer ein angeregtes Gespräch. Nur die Verständigung ist manchmal schwierig: Die eine kennt nur die botanischen Namen ihrer Pflanzen, der andere nur die deutschen. Und mancher hat ein namenloses Schätzchen im Beet, das auch im Internet nicht zu finden ist. Gartenbesucher bringen da manchmal weiter: „Na klar kenn ich das! Das ist eine Sanguinaria canadensis oder Blutwurz!“ Und schon kann der Gärtner seine Pflanze mit Namen begrüßen, vornehm botanisch oder kumpelhaft deutsch.

Die ersten Schnecken

Schon wieder verfressen sind die Schnecken im April. Eigentlich haben Schnecken Aufräumfunktion: Besonders schwächliche und kranke Pflanzen ziehen sie an. Damit es dabei bleibt, gibt es natürliche Feinde wie Igel oder Vögel. Nun haben wir das Problem, dass es bei uns kaum noch einheimische Schnecken gibt. Wir

kämpfen im Garten mit der spanischen Wegschnecke, die unsere
Schneckenvertilger nicht mögen. Nur die indischen Laufenten
fressen sie. Was sonst noch tun?
Mitfühlende Gärtner sammeln Schnecken ein und bringen sie zum
Nachbarn, um festzustellen, dass sie sehr treu sind. Kämpferische
Gärtner sammeln die Schnecken in Eimern und übergießen sie mit
kochendem Wasser. Und wissen dann nicht, wohin mit dem
Ergebnis. Oder sie gehen mit der Schere oder dem Spaten durch den
Garten … Das zieht allerdings die nächste Generation magisch an.
Bleibt das Schneckenkorn. Wer bedenkt, das sehr wenig ausreicht,
um die Tiere mit dem Duftstoff anzulocken, und wer darauf achtet,
dass kein anderes Tier Schaden nimmt (auf den in kleinen Mengen
unschädlichen Wirkstoff Metaldehyd beim Produkt achten), der
kann seine Lieblingsstauden vielleicht doch noch retten. Es hilft
nichts: Man muss sich im Leben immer mal wieder entscheiden!

Eigentlich haben Schnecken Aufräumfunktion.
    Schwächliche Pflanzen ziehen sie an.

FREILANDAUSSAAT

Wer die einjährigen Sommerblumen liebt, aber weder Platz noch Lust hat, sie in Töpfen oder Anzuchtkästen vorzuziehen, der kann jetzt mit der Aussaat direkt ins Beet für einen blühenden Sommer sorgen. Am besten die Stellen kennzeichnen und, wenn die Samen aufgehen, eventuell vereinzeln, damit sie gut wachsen können. Für den Überschuss finden sich eventuell dankbare Abnehmer unter Nachbarn oder Gartenfreunden. Hier eine Auswahl von Samen, die jetzt draußen ausgesät werden können:

• **Die Cosmea (oder Schmuckkörbchen)** *Cosmos bipinnatus* mit rosa-violetten oder weißen Blüten und filigranem Laub passt in fast jedes Beet. Sie blüht zwischen Juli und August und wird bis zu 1,20 Meter hoch. Es gibt auch niedrige Züchtungen (Sonata-Serie).

• **Der Kalifornische Goldmohn** *Eschscholzia californica,* **auch Schlafmützchen genannt,** ist sehr anspruchslos und hat leuchtende Blüten, gelb bis orangefarben. Er blüht von Juni bis Oktober, wird etwa 30–40 Zentimeter hoch und von den Schnecken verschmäht.

• **Die Sonnenblume** *Helianthus* ist ein Klassiker unter den Einjährigen. Es gibt sie von klassisch gelb bis rotbraun, gefüllt oder einfach, von 50 Zentimetern bis zu zwei Metern hoch. Blütezeit: Juli bis September.

• **Astern** *Callistephus* **und Zinnien** *Zinnia* gibt es in allen Farben, Höhen, gefüllt und einfach. Sie gehörten früher im Bauerngarten einfach dazu und sind wunderbare Schnittblumen. Sie blühen ab Ende Juli.

• **Die Kornblume** *Centaurea* schafft leuchtende, tiefblaue Inseln im Beet. Auch sie ist eine dankbare Schnittblume. Sie blüht zwischen Juni und August und wird etwa 80 Zentimeter hoch.

• **Die Kapuzinerkresse** *Tropaeolum* leuchtet zwischen Juli und Oktober durch den Garten, mit Blüten der Farbpalette zwischen Gelb, Orange und einem warmen, dunklen Rot. Die hohe Kapuzinerkresse *Tropaeolum majus* klettert gern und verschönt bereitwillig auch unansehnliche Gartenecken.

• **Die Jungfer im Grünen** *Nigella* ist eine zarte Schönheit mit blauen oder rosa Blüten und einer kleinen Halskrause, bei der auch die Samenkapseln interessant aussehen. Sie blüht im Juli und August und wird etwa 50 Zentimeter hoch.

• Wer für den Winter vorsorgen will, sät die **Strohblume** *Helichrysum* ins Beet. Die Blüten in leuchtenden Farben lassen sich gut trocknen, wenn sie rechtzeitig „geerntet" werden. Blütezeit Juli bis Oktober, Höhe 80 Zentimeter.

NOTIZEN UND TERMINE IM
APRIL

1 _____

2 _____   17 _____

3 _____   18 _____

4 _____   19 _____

5 _____   20 _____

6 _____   21 _____

7 _____   22 _____

8 _____   23 _____

9 _____   24 _____

10 _____   25 _____

11 _____   26 _____

12 _____   27 _____

13 _____   28 _____

14 _____   29 _____

15 _____   30 _____

16 _____

Mai

Der Mai, lateinisch „maius"
oder „majus", ist nach der römischen
Göttin Maia benannt. Der alte deutsche
Name Wonnemond ist abgeleitet von
wunnimanot, was so viel bedeutet
wie Weidemonat.

Der Garten im
MAI

*D*er Mai ist der Monat, auf den wir uns seit sechs Monaten gefreut haben. Wenn es besonders dunkel oder kalt war, haben wir Maiglöckchen und Flieder, Akelei und Clematis herbeigesehnt. Linde Lüfte und Sonne satt, Augenweide und Nasenschmaus – das ist der Mai, von dem wir geträumt haben. Manchmal ist er so wonnig, wie sein alter deutscher Name sagt. Aber nur manchmal.

Zu früh gekaufte Geranien

Sind die ersten Maiwochen kalt und verregnet, trösten wir uns mit den Eisheiligen, die erst mal vorbei sein müssen. Die fünf Wetterheiligen regieren seit dem vierten Jahrhundert vom 11. bis 15. Mai und heißen Mamertus, Pankratius, Servatius, Bonifatius und Sophie. Es ist gar nicht schlecht, die Namen parat zu haben, dann kann man diese Herren und die Dame leise und heftig beschimpfen, wenn die Kirschblüten oder die zu früh gekauften Geranien erfroren sind. Es ändert nichts, aber es erleichtert. Wenn es danach immer noch kalt und regnerisch ist, hilft die Erinnerung an die Bauernregel „Mai kühl und nass, füllt des Bauern Scheun' und Fass". Das gilt auch für die Beete. Bei dem ungeliebten Wetter freuen sich die Gartenschätze aller Art und entwickeln sich prächtig.

„Am Rande des Stangenbohnengerüstes kann auch einmal die große blaue Winde mitranken." Karl Foerster, 1950

Das Unkraut muss raus!

Leider nicht nur sie. Alles, was hier nicht wachsen soll, entwickelt sich ebenfalls gut. Die Beete, die im Sommer im Idealfall keine Erde sehen lassen, erinnern jetzt an Aussaatkästen. Die alte Regel „Was im Mai versäumt wird, verfolgt den Gärtner im ganzen Sommer" mahnt: Das Unkraut muss jetzt raus. Also rein in die Gartenschuhe und ab in die Maibeete – egal, ob in Winterjacke oder T-Shirt. Wer klassisch jätet – gebückt, per Hand – der hat den Vorteil, sich die Pflänzchen erst mal genau ansehen zu können. Die winzige Akelei wäre hier vielleicht ja ganz schön im nächsten Frühjahr? Und das Mutterkraut dort auch? Und hier hat sich ein Helleborus ausgesät, der kommt in einen Pflanztopf auf den Arbeitstisch. Wer seine Beete auf diese Weise durchforstet, sieht den Erfolg sofort. Entdeckt Pflanzen wieder, rettet andere, macht eine schöne, meditative Arbeit. Allerdings sollte er warten, bis er die Pflänzchen gut anfassen und erkennen kann.

Wer sich auf keine Experimente einlassen möchte, der nimmt die Hacke. Das geht schneller, bringt aber nicht selten einen im letzten Jahr erworbenen Schatz um die Ecke. Erst ein paar Stunden später dämmert es dem Gärtner, dass er da eine Hosta 'Abba Dabba Do' eingesetzt hat, wo so ein seltsamer Widerstand im Boden war …

Kleine Farblehre

Nach dem 15. Mai haben dann auch die seriösesten Gärtnereien eine Riesenpalette von Saisonpflanzen im Angebot – eine Freude für das farbenhungrige Auge. Auf die Beute warten Pflanztöpfe und Beete. Auch die selbst gezogenen Einjährigen und die vorge-triebenen Dahlien wollen jetzt ins Freie.

Das ist die Gelegenheit zu überlegen, was wohin passt und wie die Farben sich ergänzen. Es sind die verschiedenen Pflanzen, die Strukturen und die Farben, die einen Garten bestimmen. Jede

Gärtnerin, jeder Gärtner hat da seine Vorlieben. Nehmen wir die Farben. Der eine bevorzugt monochrome Beete, in denen eine Farbe dominiert. Die andere findet, ein Garten muss bunt sein. Wer ein weißes Beet anlegen möchte, sollte auf einen dunklen Hintergrund achten und nicht vergessen, hier einen Abendsitzplatz einzurichten. Am Tag sind diese Beete eher langweilig. Wer blaue Blüten bevorzugt, bringt Weite und Ruhe in seinen Garten. Aber diese Farbe verwischt auch leicht die Konturen – wie Grün und Violett. Gelb und Rot sind dominierende Farben, die Aufmerksamkeit auf sich ziehen. In großen Gärten holen sie weite Flächen heran, in kleinen Gärten können sie „erschlagen“. Bei manchen Gärtnern ist die Farbe Gelb unerwünscht. Das verbannt die Sorten von Pflanzen aus vielen Gärten, die nach der Sonne heißen, wie Sonnenblumen (Helianthus), Sonnenbraut (Helenium) und Sonnenhut (Rudbeckia, Echinacea). Eigentlich schade, denn gelbe Blüten machen wie die roten fröhlich und beflügeln den Menschen.

Wer seine Pflänzchen im Mai in die Erde bringen will, sollte nicht nur auf die Lücken im Beet achten, sondern auch die zukünftige Farbenpracht bedenken. Manchmal hilft ein Farbspektrum oder ein Gartenbuch zum Thema. Wer selbst probieren will, nimmt die dominierenden Farben als Tupfer, von den anderen darf es etwas mehr sein. Und er achtet auf Farbabstufungen und Komplementärfarben, beides verbannt Langeweile aus monochromen Beeten. Im Übrigen ist es besser, nicht auf Perfektion zu bestehen. Da macht die Natur in den seltensten Fällen mit.

Tauchen und auspflanzen

Egal welche Farbe die Pflanze hat, die ausgepflanzt werden soll: Sie muss getaucht werden. Wer pflanzt, sollte einen Eimer mit Wasser in Reichweite haben und den Topf mindestens so lange darin eintauchen, bis keine Bläschen mehr an die Oberfläche steigen. Verwurzelte Ballen müssen eingeschnitten oder mit dem Daumen aufgebrochen werden, bevor sie in Beet oder Kübel gesetzt werden, sonst kommen die Wurzeln nicht aus ihrem Kreisverkehr heraus und kümmern.

Feinde im Garten

Sind die Pflanzen gesetzt, ist noch einmal der Griff zur Schere nötig. Die frühblühenden Sträucher wie Forsythien oder Spiraea müssen jetzt geschnitten werden. Allerdings dürfen nur die alten Zweige von unten herausgeschnitten und der Strauch in Form gebracht werden. Wer jetzt unten alles abschneidet, den Strauch also auf den Stock setzt, hat ein echtes „Sommerloch" in seinem Garten. Mancher eifrige Gärtner knipst seinen verblühten Flieder aus – das ist nur bei sehr jungen Sträuchern sinnvoll. Beim Rhododendron muss das auch nicht unbedingt sein – allerdings wachsen besonders junge Pflanzen dann kräftiger, die Triebe entwickeln sich üppiger, die Pflanze bekommt mehr Kraft.

Dann gibt es da noch echte Feinde im Maigarten, gegen die nur mit viel Mühe etwas zu tun ist. Neben der spanischen Wegschnecke sind das Wühlmäuse. Die bis zu 23 Zentimeter langen Tiere legen eigene Tunnelgänge an, manchmal benutzen sie auch die Systeme der Maulwürfe. Und sie sind Feinschmecker: Die teuersten, uns liebsten Pflanzen finden auch sie wunderbar und fressen sie an der Wurzel ab. Wer gerade sein Beet bewundert, unter dem eine Wühlmaus speist, kann manchmal seine Pflanze in der Erde verschwinden sehen.

Mit Buttermilch und Pfeffer ...

Der Kampf gegen Wühlmäuse bewegt die Gartenszene. Was tun? Manche haben Glück, bei ihnen funktionieren die Guillotinen-Fallen (übrigens nie ohne Handschuhe aufstellen, wir Menschen riechen auch). Bei anderen klappt das eher selten. Die kochen Buttermilch und gießen sie in die Gänge. Die sich entwickelnde Buttersäure vertreibt die Pflanzenkiller für eine Weile. Andere kaufen große Tüten Pfeffer im türkischen Laden und pusten ihn mit einer Pumpe zur Rohrreinigung in die Gänge. Ganz wütende Gärtner machen es wie die Krieger im Mittelalter mit den Köpfen ihrer Feinde: Sie platzieren die toten Mäuse tief in den Gängen nach dem Motto: Wehe, ihr kommt! Seht, was euch dann passiert!

*Vom Krieg der Wühlmäuse zum Sieg des Erfindungsreichtums:
Wer in große Plastiktöpfe pflanzt und die im Beet versenkt, schlägt
den Nagern ein Schnippchen. Andere Pflanzen kommen in Körbe
aus Kaninchendraht gebogen. Darin sind die besonders beliebten
fleischigen Wurzeln geschützt. Die feineren finden ihren Weg
durch die Öffnungen. Es wäre doch gelacht, wenn wir nicht irgendwie miteinander klarkämen! Und wenn die Viecher trotz allem
wieder Unheil angerichtet haben: Der Garten ist jedenfalls
lebendig, in jeder Beziehung. Hätten wir Plastikblumen in die Erde
gesteckt, gäbe es dieses Problem nicht …*

„Herr Foerster, was machen Sie gegen Wühlmäuse?"
„Wir schimpfen." Gespräch mit Karl Foerster (1874–1970)

GARTENWEGE PLANEN

Alte Mailieder singen von der Natur und von Menschen, die Lust haben, sich auf den Weg zu machen. Warum nicht mal auf den neuen Gartenweg?

- **Gerade Wege** sind die kürzeste und schnellste Verbindung zwischen zwei Punkten. Sie sollten zu einem Ziel führen, zum Beispiel zur Haustür, zu einem Sitzplatz oder einer Skulptur. Ein formaler Garten ist von geraden Wegen bestimmt.

- **Geschwungene Wege** wirken natürlich, laden zum Bummeln und Schauen ein. Sie sind interessant, wenn am Anfang des Weges das Ende nicht erkennbar ist. Zu viele Kurven allerdings wirken gekünstelt und gewollt.

- **Trittsteine** helfen, trockenen Fußes über den Rasen zu kommen und hier Trampelpfade zu vermeiden oder große Beete zu betreten. Abstand: etwa 60 cm, das ist die Schrittlänge eines Menschen.

- **Wegbreite:** Wege für eine Person sind 40 bis 60 cm breit, für eine Schubkarre 80 cm, für Parkwege, auf denen zwei Personen nebeneinander gehen können, 120 bis 150 cm.

Notizen und Termine im
MAI

1 _____

2 _____   17 _____

3 _____   18 _____

4 _____   19 _____

5 _____   20 _____

6 _____   21 _____

7 _____   22 _____

8 _____   23 _____

9 _____   24 _____

10 _____   25 _____

11 _____   26 _____

12 _____   27 _____

13 _____   28 _____

14 _____   29 _____

15 _____   30 _____

16 _____   31 _____

Juni

Benannt nach der römischen Göttin Juno
ist der Juni, lateinisch „iunius". Alte
deutsche Namen sind Brachet oder Brachmond.
In der Dreifelderwirtschaft des Mittelalters
begann jetzt die Bearbeitung der Brache.
Unter Gärtnern ist der Juni der Rosenmonat.

Der Garten im
Juni

*D*er Juni kam. Lind weht die Luft. Geschoren ist der Rasen.
Ein wonnevoller Rosenduft dringt tief in alle Nasen." Wilhelm
Busch bringt mit diesen Zeilen den Junitraum auf den Punkt.
Die Rosen blühen in voller Pracht, die Stauden sehen gesund
aus. Rasen und Buchshecken sind grün, Hecken und Sträucher
blühen. Die erste Schlacht gegen unerwünschte Kräuter ist
geschlagen, alles ist gut versorgt und gedüngt. Der Garten zeigt
sich aufgeräumt in der Pracht des ersten Males, jedenfalls für
dieses Jahr. Jetzt ist Zeit, es sich ab und zu in Hängematte oder
Liegestuhl gemütlich zu machen – ein Buch zur Hand, vielleicht
die Lieblingsmusik auf den Ohren.*

Jetzt nicht!

*Jedenfalls so lange, wie Gärtner die Augen schließen und
Gärtnerinnen das Nichtstun aushalten. Schweifen nämlich die
Augen an der prächtigen Rosa 'Comte de Chambord' entlang,
deren betörender Duft gerade vorbeistreicht, sehen sie das
Unkraut, das sich listig eingeschlichen hat und nur aus dieser
Position zu sehen ist. Wer kennt nicht den inneren Appell:
„Nein, jetzt nicht. Genieß den Garten." Bis es prickelt und quält
und Gärtnerin wie Gärtner hochspringen, um schnell mal eben
das Kraut herauszuziehen. Auf dem Weg zur Biotonne entsteht*

Der Juni ist der Monat der Gerüche.
Rosen, Heu, Linden, Liguster, Philadelphus, Getreide,
Lilien blühen und duften – ein Fest für die Nase.

ein Effekt wie bei der Pilzsuche: Sieht man einen, sieht man
alle. Seltsamerweise macht dieser Mechanismus ein schlechtes
Gewissen: „Hilfe, ich kann meinen Garten nicht genießen!
Keine zehn Minuten halte ich das aus!" Da hilft nur Umden-
ken: Ein Gärtner genießt seinen Garten auf eine Art und Weise,
die Nichtgärtner nie verstehen werden. Aber er genießt in vollen
Zügen! Auch wenn er jammert!

... wieder bei der Arbeit

Wir sind also wieder bei der Arbeit. Also hinein in den heim-
lichen Hochgenuss und die Gartenschere zur Hand nehmen. Jetzt
ist es nämlich höchste Zeit, einen äußeren Kranz bei den später
blühenden Stauden wie Phlox, Helenium und Astern um ein
Drittel abzuschneiden. Das stützt erstens die Pflanzen, zweitens
verzögert sich die Blüte an der Schnittstelle und sorgt für eine
längere Blütenpracht.

Gelegenheit für Nachwuchs

Jetzt schneiden viele ihre Buchshecken. Das gibt Gelegenheit,
für Nachwuchs zu sorgen. Befreit man den leicht verholzten
Buchsschnitt zu zwei Dritteln von den Blättern und steckt ihn in
ganz normale Gartenerde, ist der Grundstock für eine neue Hecke
gelegt. Wer ganz sicher gehen will, steckt die Triebe vorher in
Bewurzelungspulver. Das funktioniert wunderbar. Besonders die,
die einen Bauerngarten anlegen oder ein Beet umrahmen wollen,
sparen so viel Geld. Auch die Gefahr, mit den neuen Pflanzen
den gefürchteten Buchsbaum-Zünsler einzuschleppen, wird

*minimiert. Wer selber noch keinen Buchs hat, fragt am besten
mal den Nachbarn, der wird gern seinen Buchsschnitt abgeben.
Übrigens gehörte der Buchs ebenso wie Holunder, Hasel und Linde
früher in jeden Garten. Warum? Weil die Leute sagten, dass der
Teufel einen Zählzwang habe und an keinem Buchs vorbeikäme,
ohne die Blätter zählen zu müssen. Also keine Chance für den
Teufel, in den Garten einzudringen. Wenn das doch auch für
Wühlmäuse gelten würde!*

Samenstände schütteln

*Zurück zur Vermehrung: Helenium und Lavendel können jetzt
ebenfalls abgeschnitten, zur Hälfte von Blättern befreit und in
Erde gesteckt werden. Wer im nächsten Jahr auf zweijährige
Pflanzen nicht verzichten will, schüttelt entweder die Samenstän-
de von Vexiernelke, Fingerhut, Stockrosen, Goldlack, Bartnelken,
Vergissmeinnicht, Stiefmütterchen, Judastaler oder Nachtviole im
Beet aus oder er zieht die neue Generation aus Samen heran. Das
Erste macht erst im kommenden Frühjahr etwas Arbeit, wenn
Überschüssiges entfernt werden muss. Das Zweite hat den Vorteil,
dass die Pflanzen gezielt dorthin gesetzt werden können, wo sie
erwünscht sind.*

Gießen oder nicht?

*Wenn wir Glück haben, ist der Juni ein Monat à la Wilhelm
Busch und verschont uns mit Dauerregen und unentwegter
Schafskälte. Das Glück hat aber eine Kehrseite: Jetzt ist Gießen
angesagt. Je nach Bodenbeschaffenheit ist das ein heißes Thema
bei hohen Temperaturen.
Ihr tägliches Wasser brauchen Kübelpflanzen und Neupflanzungen. Bei Beeten und Rasen sollten die Gärtner Augenmaß
bewahren. Wer jeden Tag wässert, riskiert zu schnelles Wachstum
mit viel weicher Blattmasse – ein Einfallstor für Krankheiten wie*

Mehltau, Sternrußtau und Fäulnispilze. *Es ist besser, wenn sich die Wurzeln die Feuchtigkeit selbst aus den tieferen Bodenschichten holen. Pflanzen, die ohne die tägliche Bewässerung im Beet nicht überleben, haben mit Sicherheit den falschen Standort – am besten gleich im Gartentagebuch notieren und im Herbst umpflanzen. Wer in der heißen Sonne seine Beete sprengt, erntet verbrannte Pflanzen. Die Tropfen wirken wie kleine Brenngläser. Im Übrigen haben Gartenfreunde Folgendes beobachtet: Bei Hitze vertrocknen die Pflanzen weniger, sie verbrennen eher. Auch das ist ein Grund, die Art der Bepflanzung im Auge zu behalten und nach Schätzen Ausschau zu halten, die sich unter geänderten Bedingungen wohlfühlen.*

In heißen Sommern sind die Gärtner gut dran, die einen eigenen Brunnen haben. Für alle anderen kann es teuer werden, wenn viel gegossen werden muss. Tipp: Fragen Sie bei den Stadtwerken oder der Verwaltung Ihrer Kommune nach. Es gibt in vielen Orten Möglichkeiten, vor die Außenanschlüsse einen Zähler zu setzen. Dieses Wasser wird dann ohne die Abwassergebühr abgerechnet, ist also etwa um zwei Drittel billiger als aus dem Wasserhahn.

Genießen!

Bei allem Aktivitätsdrang nicht vergessen, innezuhalten und zu riechen, den Vögeln zuzuhören, die Blütenpracht zu bewundern. Ein kleiner Moment reicht schon dafür. Vor allem aber genießen Sie die warmen Sommerabende. Mit Freunden, zu zweit oder allein. Vielleicht funkelt Ihnen ein Glühwürmchen aus dem Gebüsch am Teich entgegen …

Der Garten zeigt sich aufgeräumt in der Pracht des ersten Males.

ROSEN VERMEHREN

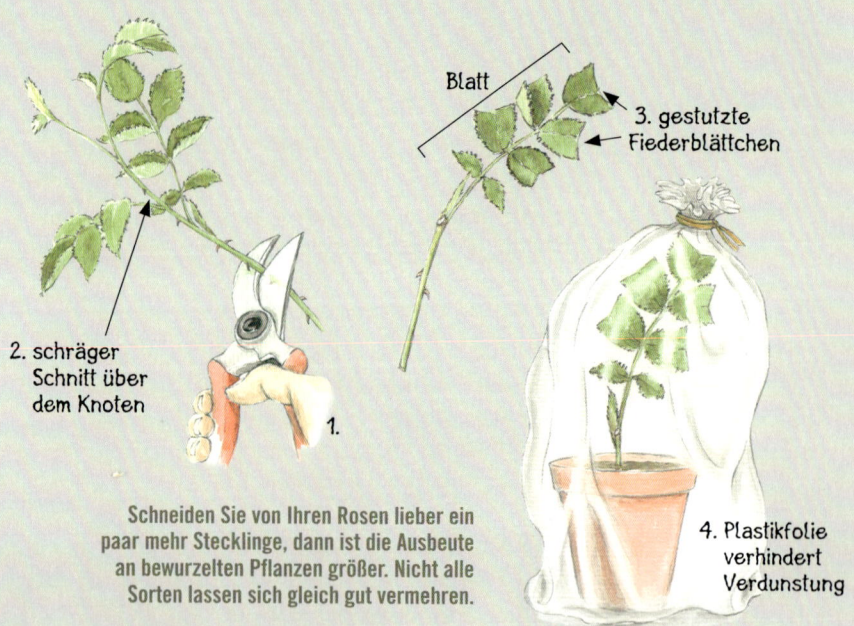

Blatt

3. gestutzte Fiederblättchen

2. schräger Schnitt über dem Knoten

1.

4. Plastikfolie verhindert Verdunstung

Schneiden Sie von Ihren Rosen lieber ein paar mehr Stecklinge, dann ist die Ausbeute an bewurzelten Pflanzen größer. Nicht alle Sorten lassen sich gleich gut vermehren.

Wer von einer seiner Rosen mehr haben möchte, kann jetzt versuchen, wurzelechten Nachwuchs heranzuziehen. Diese Pflanzen haben den Vorteil, dass sie den Gärtner nicht mit Wildtrieben ärgern.

1. Von Zwerg-, Bodendecker- und Wildrosen oder alten, schwer zu bekommenden Sorten werden im Frühsommer gesunde diesjährige Triebe geschnitten.

2. Der spätere Steckling soll ein bis zwei Blätter haben und 3 bis höchstens 10 cm lang sein. Dazu schneidet man die Spitze des Triebes direkt über einem Blattknoten schräg ab. Das untere Blatt wird entfernt.

3. Dem Steckling ist nun ein Blatt verblieben. Von diesem Blatt werden die einzelnen Fiederblättchen eingekürzt, um die Verdunstung zu vermindern.

4. Den Steckling bis zum unteren Blattansatz etwa 2 cm tief in einen Topf oder zu mehreren in eine Schale mit lockerer, sandiger (ungedüngter) Pflanzerde stecken. Dann angießen. Anschließend eine Plastikfolie oder ein Glas darüber stülpen. Drei bis vier Wochen an einen geschützten, schattigen Platz stellen. Die Wurzelbildung bei Gehölzen verläuft langsamer als bei krautigen Stecklingen. Im ersten Winter wollen diese Neupflanzen keinen Frost haben, daher erst im nächsten Frühjahr auspflanzen.

Notizen und Termine im
JUNI

1 _____

2 _____

3 _____

4 _____

5 _____

6 _____

7 _____

8 _____

9 _____

10 _____

11 _____

12 _____

13 _____

14 _____

15 _____

16 _____

17 _____

18 _____

19 _____

20 _____

21 _____

22 _____

23 _____

24 _____

25 _____

26 _____

27 _____

28 _____

29 _____

30 _____

Juli

Der Juli, lateinisch „iulius",
ist benannt nach Julius Caesar.
Heuert, der alte deutsche Name,
erinnert an den Monat der Heuernte.

DER GARTEN IM

JULI

*J*uli – *das ist Hochsommer. Hitze, Sonne, Staub. Erste gelbe
Getreidefelder, geschnittene Wiesen. Ab und zu ein Gewitter.
Ist der Juli kühl und regnerisch, fühlen wir uns irgendwie um
den Sommer betrogen.*

*Juli heißt auch Abschied von der ersten üppigen Blütenpracht.
Die Rosen verblühen, neue Knospen sind noch nicht zu sehen.
Prächtige Stauden wie Rittersporn, Spornblume oder Katzenminze bilden Samenstände, andere wie Phlox und Sonnenbraut
fangen erst zögerlich an, ihre Blüten zu zeigen.
Die Blüteneuphorie des Junigärtners erhält im Juli einen
Dämpfer. Woran er sich vor Kurzem noch erfreut hat, das wird
jetzt abgeschnitten. Wenn der Gärtner nicht gerade hochbindet,
schneidet er. Beides mit bangen Gedanken: Warum bloß legt
sich die Silbergarbe quer über das Beet, reckt ihre schönen
Blütendolden auf krummen Stielen der Sonne entgegen und
widersteht der Staudenstütze? Die blütenfreien Rosensträucher,
die nach der Junipracht wie gerupft im Beet stehen, ob die
wirklich noch einmal blühen? Wie könnte das Riesenloch im
Beet gefüllt werden, das der gekappte Rittersporn hinterlassen
hat? Soll der Frauenmantel wirklich radikal heruntergesäbelt
werden, dessen Blätter so barmherzig die Beetränder zudecken?*

„Die Natur hat lieber jemanden, der sich mit einem fruchtbaren Garteneinfall aus der Hängematte erhebt, als jemanden, der den ganzen Tag ohne Einfall im Garten umherrast." Karl Foerster (1874–1970)

Sommerblüten für Schmetterlingsschwärme

Jetzt zeigt sich, ob der Gärtner Gelassenheit ernten konnte. Die Rosen waren letztes Jahr im August noch einmal wunderschön und blühten bis in den Dezember. Das Rittersporn-Loch ist in zwei Wochen wieder grün. Es wird schon. Im Übrigen: Die Taglilien zeigen jetzt ihre volle Pracht, und Kugeldisteln, Schafgarbe und Wiesenraute können ihre Schönheit konkurrenzlos in die Sonne recken. Darüber reckt der Schmetterlingsstrauch seine blühenden Zweige und duftet, was das Zeug hält. Und all das wird umsummt und umbrummt, von Hummeln und anderen Hautflüglern, und von Schmetterlingen, den Grazien in der Sonne. Ob Schwalbenschwanz, Zitronenfalter, kleiner Fuchs oder Admiral, ob einzeln oder in ganzen Schwärmen: Die Tagfalter krönen den Garten im Juli auf federleichte und bunte Weise, ihr Anblick kann über Abgeschnittenes hinwegtrösten. Ihre gefräßige Vergangenheit vergessen wir jetzt mal.

Schnittzeit im Juli

Wer jetzt zwischendrin den Liegestuhl in der Sonne aufsucht, kann gleich Schere und Korb danebenstellen. Es gibt immer etwas zu schneiden, und nie erwischt man alles. Jeden Tag verlieren Rosenblüten ihre Blätter, die Taglilien wollen ausgeputzt werden, Skabiosen und Dahlien ebenfalls. Dazu kommen die Kübelpflanzen: Geranien, Verbenen und Petunien konzentrieren sich auf Samen statt Blüten, wenn Ausgeblühtes nicht entfernt wird. Bei den Stauden gibt es einige, die bis auf den Boden zurückgeschnitten werden, wenn sie ausgeblüht haben. Diese Pflanzen treiben dann noch einmal durch und blühen ein zweites Mal. Dazu gehören Rittersporn, Feinstrahl, die Kokardenblume, Margeriten, Dreimasterblume, Schafgarben, Katzenminze und Stockrosen. Bei anderen Stauden wie Pfingstrosen, Sonnenbraut, Astern und Phlox werden die Samenstände nun so weit abgeschnitten, dass noch genug Blattmasse im Beet bleibt, etwa um ein Drittel oder bis zum nächsten Trieb in den Blattachseln.

Warum dieser Schnitt im Juli? Weil Pflanzen Kraft sparen und manche noch einmal blühen können. Bei regnerischem Wetter kommt dazu, dass viele Samenstände für Pilzbefall anfällig sind. Bei den Rosen muss man jedoch unterscheiden: Nur bei den mehrfach blühenden Sorten sollten die Blüten über dem ersten Blatt mit fünf Fiederblättchen abgeschnitten werden. Die einmalblühenden Sorten, besonders Rambler, bilden oft wunderschöne Hagebuttenhorste, die im Herbst durch den Garten leuchten.

Jetzt auch mal ohne Auffangkorb mähen

Das nächste Julithema ist die Bodenlockerung. „Im Juli muss der Boden regelmäßig gehackt werden, damit er nicht austrocknet": Diese Anweisung hat sich irgendwie verselbstständigt. Besser ist, erstmal zu gucken, wie der Boden beschaffen ist. Sandige und humose Böden kann man in der Regel in Ruhe lassen. Ist die Oberfläche verkrustet oder verschlämmt, besonders bei lehmigen Böden, dann sollte mit dem Grubber gelockert werden. Im Übrigen gilt: Für Boden und Pflanzen ist es am besten, wenn die Pflanzen den Boden bedecken.

Der Rasenschnitt im Juli ist eher spärlich, wenn typisches Hoch-
sommerwetter vorherrscht. Dann empfiehlt sich, mal ohne
Auffangkorb zu mähen. Der Rasenschnitt verteilt sich auf der
Fläche und ist ein willkommener Stickstoffdünger für die grüne
Fläche. Wer das nicht möchte, weil er fürchtet, den Rasenschnitt
unter den Schuhsohlen ins Haus zu tragen, der sollte den Rasenschnitt trocknen lassen, bevor er ihn auf den Komposter packt.
Frischer Rasenschnitt „brennt", er wird heiß und stinkt. Komposter
stehen in der Regel im hinteren Teil des Gartens. Der Geruch stört
also vor allem den Nachbarn, dessen Terrasse im ungünstigsten
Fall gleich dahinter liegt. Seien Sie nett zu ihm!

Lehrgarten Gemüsebeet

Ein Ausflug zum Gemüse: Viele Gärten haben eine kleinere oder
größere Fläche, die mit Salat oder Erbsen, Kohlrabi oder Erdbeeren
für den täglichen Bedarf bepflanzt ist. Besonders für Kinder sind
diese Flächen wunderbar. Es lohnt sich, ihnen ein Stück zu
überlassen. Sie pflanzen gern, beobachten die Fortschritte ihrer
Gewächse genau und lernen nebenbei, dass Erbsen keine Beeren
sind, Erdbeeren nach und nach reif werden und Salat auch den
Schnecken bestens schmeckt.

Ein Kräuterstrauß als Mitbringsel

Auch wer seinen Garten eher auf die Augen und die Nase als auf
die Zunge und den Magen ausgerichtet hat, findet überraschende
kulinarische Genüsse im Beet. Ein paar Blätter Zitronenmelisse
und Pfefferminze, Blüten von Kapuzinerkresse und Ringelblume,
die blauen Blüten des Borretsch und Oregano – alles abbrausen,
in einen Glaskrug stecken und frisches Leitungswasser dazugeben.
Das ergibt ein wunderbares Erfrischungsgetränk und sieht schön
aus. Wer bei Hobbyköchen eingeladen ist, kann aus den Kräutern
in seinem Garten (zum Beispiel Zitronenmelisse, Salbei, Thymian,
Rosmarin, Liebstöckel, Oregano, Kapuzinerkresse, Borretsch,
Estragon, Erdbeerranken und vieles mehr) ein Bukett binden, in
die Mitte eine Rose stecken – und schon hat er ein ungewöhnliches
Mitbringsel, das gut aussieht, duftet und schmeckt.

DER GARTEN IM URLAUB

Im Juli beginnen die Sommerferien. Für viele Familien Grund, die Koffer zu packen, das Haus zu verschließen und in die Ferien zu fahren. Was aber ist mit dem Garten? Wer gießt den Oleander, wer sieht nach dem Rechten, wer erntet? Ein paar Tipps zur Steigerung des Gärtner-Erholungswertes:

- Halten Sie rechtzeitig Ausschau nach Freunden, Bekannten oder Nachbarn, die ihre Gartenleidenschaft teilen. Sie werden gern bereit sein, nach dem Rechten zu sehen und zu gießen. Die beste Freundin, die Gartenarbeit fürchtet, ist möglicherweise überfordert.
- Die Beete trocknen nicht so schnell aus, wenn eine Mulchdecke aus dünnem Grasschnitt, klein gehäckselten Gartenabfällen oder Stroh den Boden vor Austrocknung schützt.
- Vor Reiseantritt noch einmal nach unerwünschten Kräutern in den Beeten sehen. Was jetzt entfernt wird, verhindert den Unkrautdschungel bei der Rückkehr. Die Beete kurz vor der Abfahrt gut wässern.
- Vor der Reise darauf verzichten, die Beete und den Rasen zu düngen.
- Wenn die Blüten aus Zucchini und Gurken herausgebrochen werden, verzögert sich die Ernte.
- Wenn Sie Obst und Gemüse im Garten haben, das jetzt reif wird, laden Sie Nachbarn oder Freunde ein, sich zu bedienen. Die freut es, und Sie werden bei der Rückkehr nicht von verdorbenem Obst und Gemüse empfangen.
- Wenn niemand zum Gießen da ist: An der Nordseite des Hauses sind Kübelpflanzen gut aufgehoben. Entweder eingraben oder mit Abdeckungen vor dem Austrocknen schützen. Kleine Topfpflanzen können in größere mit feuchtem Sand gefüllte Übertöpfe gestellt werden.
- Bei kleineren Gärten kann man über die Investition in eine Tröpfchenbewässerung nachdenken. Es gibt verschiedene Systeme im Fachhandel.
- Bei größeren Gärten könnte es sich lohnen, einen Hausmeisterservice in der Nähe ausfindig zu machen, der die Lieblinge gießt und auch mal den Rasen mäht.

Notizen und Termine im
JULI

1 _____

2 _____   17 _____

3 _____   18 _____

4 _____   19 _____

5 _____   20 _____

6 _____   21 _____

7 _____   22 _____

8 _____   23 _____

9 _____   24 _____

10 _____   25 _____

11 _____   26 _____

12 _____   27 _____

13 _____   28 _____

14 _____   29 _____

15 _____   30 _____

16 _____   31 _____

August

Der Monat August, lateinisch
„augustus", ist benannt nach dem
römischen Kaiser Augustus.
Ernting und Erntemond sind alte
deutsche Namen.

Der Garten im
AUGUST

Der August ist ein Plädoyer für die Farbe Gelb. Das reife Korn leuchtet auf den Feldern und im Garten versammeln sich die Sonnenstrahlen in den Beeten.

Ob Helianthus, Helenium oder Heliopsis: Wer es zulässt, bei dem lässt sich im August der griechische Sonnengott Helios im Garten nieder. Hinten am Zaun stehen die Sonnenblumen Helianthus mit ihren großen braunen Gesichtern und die Silphie Silphium perfoliatum, mehr als drei Meter hoch und voller gelber Strahlenblüten. Davor in verschiedensten Sorten und Höhen die Sonnenaugen Heliopsis, die sich so gut für die Vase schneiden lassen. Für Fülle im Beet sorgt die Sonnenbraut Helenium mit ihrem breiten Farbspektrum von Gelb bis Braunrot, unterstützt vom Sonnenhut Rudbeckia mit seiner ausdauernden Blüte. Ganz vorn sind die Sonnenröschen Helianthemum zu finden, niedrig und manchmal auch purpurrot.

In Licht getaucht

Gelb ist die Farbe, die für Heiterkeit und gute Laune sorgt und den Garten licht und luftig macht. Im Winter und im Frühjahr freuen wir uns über leuchtenden Winterjasmin Jasminum nudiflorum und Narzissen in allen Farbabstufungen. Jetzt im Spätsommer bekommt das Gelb im Garten einen reifen, warmen Ton; Orange und Braunrot mischen sich hinein.

„Zinnien in allen Farben, gelbe und rote Dahlien
und die ersten Sonnenblumen ...
Heiße, aber schon kürzere Hochsommertage,
die man festhalten möchte, aber nicht festhalten kann."

Marie Luise Kaschnitz (1901–1974)

*Die Sonnenkinder zusammen mit leuchtenden Dahlien,
roter Lobelia fulgens und der Montbretie Crocosmia 'Lucifer':
Ein morgendlicher Blick auf ein solches Beet ersetzt eine Tasse
Kaffee. Ein gelbes Beet ist am besten an der Westseite des
Gartens aufgehoben: Dann wird es von der untergehenden
Sonne in schönstes Licht getaucht.*

Schneiden, Pflanzen, Teilen

*Ausgeblühtes verlangt jetzt den täglichen „Scherengang" an
den Beeten entlang. Phlox und Monarda, Dahlie und Stauden-
wicke danken das Ausputzen mit neuen Blüten. Zweijährige
Pflanzen wie Stockrose, Bartnelke oder Stiefmütterchen können
jetzt an den Platz gepflanzt werden, an dem sie im nächsten
Jahr blühen sollen. Etwa alle drei Jahre im August sollten die
Bartiris geteilt werden. Dazu wird die tote Mitte entfernt und
die mit Wurzeln versehenen Rhizome mit gekürzten Blättern
wieder eingesetzt. Am besten die Erde vorher mit Kompost
anreichern. Wer eine schöne Staudenpfingstrose Paeonia
lactifolia oder P. officinalis besitzt, die er vermehren möchte,
sollte sie ebenfalls jetzt teilen. Dazu muss der Wurzelballen
ganz herausgenommen werden. Nicht einfach abstechen,
sondern auf die fleischigen Wurzeln achten, sie etwas ein-
kürzen und dazwischen alles Tote und Trockene herausnehmen.
Wer dann noch darauf achtet, die Knospen nicht zu tief in die
Erde zu setzen, hat die berüchtigte Pfingstrosen-Blühfaulheit
nach dem Umpflanzen umschifft.*

Für jeden Platz die passende Pflanze

Wenn Gartenschätze kümmern, ist das ein Zeichen, dass beim Pflanzen nicht auf Boden-, Licht- und Lebensbedingungen geachtet wurde. Rosen im Schatten blühen selten ein zweites Mal, während sie in der Sonne jetzt wieder neue Knospen und Blüten zeigen. Der Phlox gedeiht nicht im Schatten oder am Gehölzrand, er braucht Platz, Sonne, Wasser und Nährstoffe. Eine Hortensie hat es dagegen in der prallen Sonne eher schwer. Für alle Bodenbedingungen, die in einem Garten vorkommen können, gibt es Pflanzen, die sich hier wohlfühlen. Egal, ob der Boden feucht, frisch oder trocken ist, ob die Sonne ihn erreicht, Halbschatten vorherrscht oder ob es einfach nur schattig ist: Es gibt immer eine Pflanze, die hier gern wächst und blüht. Die gerade erworbene Pflanze in voller Blüte verkümmert am falschen Standort. Es lohnt sich, die persönliche Liste von Lieblingspflanzen mit den Bedingungen im Garten abzugleichen.

Ein beliebtes Mittel, den Blütenträumen doch noch auf die Sprünge zu helfen, ist der Dünger. Wer sich jedoch zum Beispiel mit übermäßig vielen Brennnesseln oder mit Gierschplantagen herumplagen muss, der hat mit Sicherheit genug Stickstoff im Boden und sollte eher zurückhaltend mit Dünger sein. Wer es genau wissen will, lässt seinen Boden untersuchen. Infos dazu gibt es bei der zuständigen Landwirtschaftskammer.

„Blumen anzuschauen hat etwas Beruhigendes.
Sie kennen weder Emotionen noch Konflikte."

Sigmund Freud (1856–1939)

Verschwundene Schätze

Im August zeigt sich, ob unsere Vorfrühlings-Pflanzpläne realistisch waren. Oder ob das eine oder andere Schätzchen unter hoch wachsenden Prachtstauden verschwunden ist. Wer es jetzt wiederfindet, sollte es umpflanzen und für eine bessere Chance im nächsten Sommer retten. Wer dagegen Löcher im Beet hat, kann jetzt nachpflanzen, ohne allzu sehr auf seine Fantasie angewiesen zu sein: Containerstauden machen das möglich.

Nach einem heißen Juli gibt es nicht selten braune Löcher in der grünen Rasenfläche. Sie lassen sich jetzt gut reparieren: Mit ausgestochenen Grassoden, die in die Fehlstellen eingesetzt werden, oder mit Nachsaat, nachdem die „Löcher" aufgelockert und mit einem Sand-Kompost-Gemisch aufgefüllt sind.

Der Augustgarten will genossen sein. Die aromatischen Tomaten, die ersten Pflaumen, der Tee aus Zitronenmelisse oder Pfefferminze: Das ist ebenso wunderbar wie die leuchtenden Staudenbeete, die zweite Rosenblüte und der Duft von Phlox, der an den Sommerabenden über dem Garten liegt.

Ein gelbes Beet mit seinem warmen Feuer
  ist Trost für den nahenden Abschied vom Sommer.

GELB IM GARTEN

„In der Beschränkung zeigt sich erst der Meister": Goethes Einsicht gilt auch für die Farbe Gelb im Garten. Besonders Gelb in Kombination mit Orange und warmem Rot braucht Raum um sich. Dieses Farbfeuerwerk kann einen Balkon eng machen oder einen kleinen Garten optisch verkürzen, wenn das gelbe Beet am Ende angelegt ist. Gelb ist die Farbe der sonnigen Beete. Wer die Farbe auch in Schatten und Halbschatten ansiedeln möchte, wird suchen müssen und vor allem zarte Gelbtöne finden. Dazu gehören im Frühsommer der gelbe Fingerhut *Digitalis lutea,* die Cypressenwolfsmilch *Euphorbia cyparissias* oder die wunderbar gezeichneten Blätter verschiedener Hostas.

SO LÄSST SICH GELB KOMBINIEREN

- **Gelb mit Orange und einem warmen Rot bis hin zu Schwarzrot:**
  Ein Farbfeuerwerk im Sommer, das Wärme vermittelt.

- **Gelb-Blau-Weiß:**
  Eine klassische Farbmischung, die frisch und kühl wirkt.

- **Helles Gelb kombiniert mit grauen Blättern und etwas Braun zwischendrin:**
  Macht einen eleganten Eindruck.

- **Gelb-Violett:**
  Eine harmonische Farbmischung. Die langstielige *Verbana bonariensis* eignet sich bestens als Tänzerin über gelben Stauden.

  Und nicht vergessen: Bei aller Arbeit an der perfekten Farbkombination sind es die liebenswerten kleinen Ausreißer, die für Aufmerksamkeit und freche Akzente sorgen.

Notizen und Termine im
August

1 _____

2 _____

3 _____

4 _____

5 _____

6 _____

7 _____

8 _____

9 _____

10 _____

11 _____

12 _____

13 _____

14 _____

15 _____

16 _____

17 _____

18 _____

19 _____

20 _____

21 _____

22 _____

23 _____

24 _____

25 _____

26 _____

27 _____

28 _____

29 _____

30 _____

31 _____

September

Im altrömischen Kalender war der
September, lateinisch „septem" = sieben,
ursprünglich der siebte Monat.
Alte deutsche Namen sind
Herbstmond, Herbsting, Holzmonat
und Engelmonat.

DER GARTEN IM
SEPTEMBER

*D*er Garten im September ist etwas für Tautreter. Pfarrer
Kneipp versprach einst, dass drei Minuten frühmorgens barfuß
im nassen Gras umherlaufen sehr gesund sei. Im September
muss man dazu nicht früh aufstehen, die Sonne schafft es erst
spät am Tag, den Rasen abzutrocknen – wenn überhaupt.
Das gehört zu diesem Monat. Ebenso wie üppiger Blütenflor von
Herbstanemonen, feuchte Beete, die zweite Blüte von Rittersporn
und Phlox, üppig schießendes Unkraut, remontierende Rosen,
leuchtende Apfelbäume, Fallobst und Wasserfälle von Rambler-
rosen-Hagebutten. Der September ist ein üppiger Monat,
fruchtbar und leuchtend. Das Leichte, Tanzende des Frühsom-
mers ist vorbei. Nur manchmal, an sonnigen Tagen, findet es
sich in den funkelnden Spinnennetzen des Altweibersommers.

Und in den Gräsern mit zartem Grün und hohen Rispen.
Ungeschnitten und etwas höher dürfen die Sorten wachsen,
die in Sonne oder Schatten den Boden abdecken, als Rand-
bepflanzung oder als ruhige Inseln zwischen Pflanzungen.
Zum Beispiel die weißbunte Japansegge, die auch im Schatten
wächst, oder der Bärenschwingel, der die Sonne liebt. Beide
sind auch im Winter grün und dekorativ.

Gräser bewegen den Garten

Interessant sind Gräser als Zwischenpflanzung im Stauden-
beet. Die im Wind tanzenden Blüten- und Samenstände bringen
Bewegung und Leichtigkeit in die eher ruhigen, bedächtigen
Septemberbeete. Ob die Wedel der verschiedenen Miscanthus-
sorten, die zarten Rispen der Rutenhirse, Rasenschmiele oder
Pfeifengras – Gräser bewegen den Garten.

Jede Pflanze eine Persönlichkeit

Die Pflanzenmärkte im September haben Gräser parat. Bevor sie
begeistert gekauft werden, sei daran erinnert, dass jede Pflanze
eine Persönlichkeit ist. Ob blaues, rotes, gelbes oder gestreiftes
Laub, ob hoch oder niedrig, ob für Sonne oder Schatten, Nässe
oder Trockenheit, früh im Jahr austreibend oder erst im Sommer
– es ist gut, sich genau nach der angebotenen Schönheit zu

erkundigen. Und daran zu denken, dass Gräser eigentlich besser im Frühjahr gepflanzt werden. Dann zeigen sie aber leider nicht ihre schönen Rispen und Wedel.

Schneiden und stehen lassen

An den Septembergräsern sollte sich der Gärtner einfach nur freuen. Einsatz verlangen sie nicht, jedenfalls nicht jetzt. Die Zeit, sie zu schneiden, kommt erst im Frühjahr. Bis dahin beleben sie auch den winterlichen Garten. Wie eine Reihe von Stauden. Zum Beispiel Echinacea purpurea, sie sieht mit einem Schneehäubchen bezaubernd aus. Andere Stauden können jetzt heruntergeschnitten und geteilt werden, besonders, wenn sie vermehrt oder verschenkt werden sollen. Sind Stauden von Krankheiten oder Schädlingen befallen, sollten sie jetzt geschnitten werden. Daran denken, das Abgeschnittene in der Biotonne zu entsorgen und nicht auf dem Kompost!

Der Gärtner wird träge

Der Septembergärtner zeichnet sich auch dadurch aus, dass er nicht mehr viel Großartiges in seinen Beeten bewegen will. Irgendwie wird er so träge wie die Hausfrau nach einem Ein-kochtag. Wenn die Sonne doch zu Aktivitäten verführt, dann sollte er oder sie sich die Stauden vornehmen. Jetzt ist eine gute Zeit, sie zu verjüngen und ihnen beste Startbedingungen zu verschaffen. Sie haben nämlich jeweils eine eigene Lebensdauer, eine Hoch-Zeit, in der sie üppig blühen. Danach verschwinden sie oder blühen nur noch wenig.

Da gibt es die, die nach zwei bis drei Jahren müde werden. Das sind zum Beispiel die Campanula-persicifolia-Sorten, weiße und bunte Margeriten, Federnelken, Kokardenblumen, Heidenelken und Spornblumen. Länger halten es Blaukissen, Mädchenauge, Brennende Liebe und Teppichphlox aus. Sie sind Beispiele für Stauden, die drei bis vier Jahre lang gut blühen. Vier bis fünf Jahre lang schaffen es Herbstastern, Sonnenbraut, Katzenminze oder verschiedene Sedum-Arten, unermüdlich zu blühen.

Die Stauden verjüngen

Wer die Lebensdauer seiner Pflanzen kennt, kann sie recht-
zeitig verjüngen, also herausnehmen, teilen und in neue Erde
pflanzen, damit sie auch im nächsten Jahr blühen. Wie das
geht, das ist die nächste Herausforderung: Manche Pflanzen
können einfach mit Messer oder Spaten abgestochen werden.
Dazu gehören Sorten wie Schafgarbe, Herbstastern, Ritter-
sporn und Margeriten. Bei anderen sollte die ganze Pflanze
herausgenommen und auseinandergezogen werden. Das
geht gut bei Eisenhut, Maiglöckchen oder Lampionblume.
Die einzelnen Teile lassen sich gut vermehren. Pfahlartige
Wurzeln lassen sich kaum teilen, diese Pflanzen müssen
sich aussäen. Akelei, Küchenschelle und Kermesbeere
gehören dazu. Ein Sonderfall sind die Bartiris, die nach drei
Jahren total verjüngt werden wollen.
Für jede Art des Verjüngens empfiehlt sich: Die entstehenden
Löcher mit Kompost auffüllen, der mit Sand vermischt ist.
Bei Prachtstauden wie Rittersporn und Phlox den Sand
weglassen, sie lieben den Kompost pur. Im Übrigen hat sich
gezeigt, dass auf leichten, sandigen Böden die Pflanzen eher
vergreisen als auf schweren, lehmigen Böden. Die Lebens-
dauer hängt also auch von der Bodenbeschaffenheit ab.
Neben allen guten Regeln sind es auch hier wieder die
eigenen Beobachtungen, die den Garten aufblühen lassen.

Kompost und Pflaumenmus

Der Garten in der Septembersonne entfaltet nicht nur üppige
Farbenpracht, sondern auch üppige Gerüche. Die Rosen
duften, was das Zeug hält, und der umgesetzte Kompost
sendet andere, eigene Noten aus. Die Engelstrompeten hüllen
den abendlichen Besucher in ganze Duftmäntel, und aus
dem Staudenbeet unter dem Zwetschgenbaum riecht es wie
in einer Schnapsfabrik. Rasenschnitt und Holzhäcksel
duften, und dazwischen weht ein Aroma von Pflaumenmus,
das stundenlang vor sich hin kocht. Sage einer, der Septem-
bergarten hätte keine Genüsse zu bieten!

ESSBARE HECKEN

Frei wachsende Hecken rund um das Grundstück sind zu jeder Jahreszeit schön. Bei richtiger Auswahl blühen und duften diese Hecken im Frühjahr und Frühsommer wunderbar. Im Herbst und Winter tragen sie Früchte, die nicht nur schön aussehen, sondern sich auch zu ess- und trinkbaren Köstlichkeiten verarbeiten lassen. Wegen ihres meist hohen Vitamingehaltes sind sie zudem sehr gesund. Wer keine frei wachsende Hecke im Garten hat, kann sich in der Umgebung auf die Suche machen: Sie finden sich oft an Wegrändern.

Hier einige BEISPIELE FÜR WILDFRÜCHTE, die sich in vielen Gärten finden, aber eher wenig bekannt sind für ihre Verwertbarkeit:

Der **Weißdorn** *Crataegus spec.* ist ein dorniger Strauch mit dunkelroten Beeren. In früheren Zeiten wurden die Früchte zu Mehl verarbeitet („Mehldorn") oder geröstet als Kaffee-Ersatz verwendet. Die Beeren lassen sich zusammen mit anderen Früchten zu interessanten Brotaufstrichen verarbeiten.

Die **Berberitze** *Berberis vulgaris* hat kleine, längliche scharlachrote Beeren, die von herbem Aroma sind. Gemischt mit milden Früchten wie Äpfeln oder Birnen schmecken sie ausgezeichnet. Beim Einkochen gelieren sie sehr leicht.

Die **Kornelkirsche oder Herlitze** *Cornus mas* ist trotz ihres Namens nicht mit den Kirschen verwandt, sondern gehört zur Familie der Hartriegelgewächse. Die ovalen Früchte sind kirschrot gefärbt und hängen oft paarig an Stielen. Das Fruchtfleisch lässt sich oft nur schwer vom großen Kern trennen.

Der säuerlich-herbe, aromatische Geschmack der Kornelkirschen verfeinert viele Marmeladen und Gelees.

Hagebutten *Rosa spec.* finden sich in fast jeder frei wachsenden Hecke. Diese Früchte verschiedener Wildrosen sind leuchtend orange oder rot. Das Verarbeiten ist etwas mühsam, weil Kerne und Härchen im Innern entfernt werden müssen. Aber es lohnt sich: Hagebutten sind reich an Vitaminen und schmecken lecker, zum Beispiel als Marmelade.

Der **Sanddorn** *Hippophae rhamnoides* hat graues Laub und gelb-orangefarbene Früchte, die wegen der weichen Beeren und langen Dornen nicht leicht zu ernten sind. Es empfiehlt sich daher, die Beeren tragenden Zweigenden abzuschneiden, zu stückeln, einzufrieren und dann die Beeren abzustreifen. Als Saft, Mus oder Sirup zu verwenden, sehr gesund wegen des hohen Gehalts an Vitamin C.

Notizen und Termine im
SEPTEMBER

1	16
2	17
3	18
4	19
5	20
6	21
7	22
8	23
9	24
10	25
11	26
12	27
13	28
14	29
15	30

Oktober

Der Monat ist benannt nach dem
lateinischen Wort „octo" = acht. Im altrömischen Kalender begann das Jahr mit
dem März, der Oktober war also der
achte Monat. Alte deutsche Namen sind
Weinmonat, Gilbhart und Dachsmond.

DER GARTEN IM
OKTOBER

*K*ein Monat ist so voller Farben wie der Oktober. Der Gärtner
bemerkt es oft nicht, weil sein Blick auf den Boden gerichtet ist,
auf die Unkräuter, schnittbedürftige Stauden, Schadstellen im
Rasen und Schneckengelege im Beet. Dabei verdient der Farben-
rausch jede Aufmerksamkeit. Die Gehölze in freier Natur
leuchten und brauchen dazu nicht einmal die Sonne.

Feuerwerk im Garten

*Im Garten werden die Farben zu einem Feuerwerk, wenn bei der
Anlage der Herbst bedacht wurde. Die kleinen Fächerahorne der
Arten Acer palmatum, japonicum oder der Sorte Acer shirasawa-
num 'Aureum' leuchten von Gelb über Orange bis zu einem
kräftigen Rot. Die Felsenbirne zeigt jeden Tag eine neue Färbung,
bis sie ihre Blätter ziemlich plötzlich abwirft. Beim roten
Perückenstrauch werden die einzelnen Blätter zu kleinen
Kunstwerken mit aparter Zeichnung. Das Pfaffenhütchen Euony-
mus planipes mit seinen besonders schönen Früchten leuchtet
wie ein rotviolettes Fanal durch den Garten. Die Spiralnebel der
Clematisfrüchte, letzte Quitten und Äpfel, der verpönte Essig-
baum: Der Gärtner tut gut daran, ab und zu den Blick zu heben,
seine leuchtenden Schätze zu bewundern und sich an der Schar
später Admiral-Schmetterlinge zu freuen.*

„Einen Garten anzulegen ist reiner Optimismus.
Wenn du Blumenzwiebeln in die Erde legst, pflanzt du
nichts als Hoffnung, du vertraust auf die Zukunft,
obwohl es in diesem Moment kein Anzeichen dafür gibt,
dass die Zwiebeln je zum Leben erwachen werden.“

Marilyn Barrett

Dann die Hagebutten! Ob die Früchte der Hundsrose, der Rosa multiflora oder der Rosa glauca, ob klein, groß, rund, länglich, einzeln oder in Rispen, ob orange, rot oder gar schwärzlich: Ohne Hagebutten ist der Oktober nicht zu denken. Wer sich für eine nur einmal blühende Ramblerrose entschieden hat, wird jetzt noch einmal mit leuchtenden Rispen belohnt.

Konservierende Maßnahmen

Der Oktoberrausch schwelgt in Farben und endet im Novemberkater. Auch das gehört dazu. Dagegen lässt sich etwas mit konservierenden Maßnahmen tun. Aus Quitten wird Gelee und aus Hagebutten werden mit etwas Geduld Likör oder Marmelade. Hagebuttenzweige, zu Kränzen oder Sträußen gebunden, halten lange. Auch Herbstblätter lassen sich konservieren. Wer sich die Kindheitslust bewahrt hat, nicht nur mit den Füßen durch Blätterberge zu rauschen, sondern auch das eine oder andere besonders schöne Exemplar mit nach Haus zu nehmen, kann es zwischen Zeitungspapier einfach unter dem Teppich verstauen. Dann einen kleinen Merkzettel in die Küche hängen: Ab Dezember lassen sich die getrockneten Blätter mit ihrer Farbenpracht verarbeiten.
Im Garten warten die Dahlien nach dem ersten Frost auf ihr Winterquartier. Also: Etwa 10 Zentimeter hoch abschneiden, mit der Grabegabel herausnehmen, abschütteln, ein bisschen Erde

dranlassen und abtrocknen lassen. (Nicht vergessen, vorher die letzten Blüten als üppigen Strauß ins Haus zu holen!) Wer will, kann die Knollen in Sand betten. Das ist bei kühler Aufbewahrung aber nicht unbedingt nötig. Wer sie jetzt mit Namen, Farbe und Höhe beschriftet, kommt im Frühjahr nicht in Pflanznöte. Dahlien sind die flexiblen Schönheiten, die den sommerlichen Garten ab August verschönern. Sie lassen sich gut vorziehen und dann setzen, wenn eine Lücke im Beet entstanden ist. Es gibt sie in allen Farben und Formen.

Nach den Dahlien

Sind die Dahlien herausgenommen, eignen sich die entstandenen Löcher bestens für das Setzen von Tulpenzwiebeln. Auch Tulpen haben Rauschpotenzial: Die Vorstellung von leuchtenden Blütenkelchen im Frühjahr belastet manches Portemonnaie im Herbst erheblich. Tulpen aber sind Diven. Manche haben einen großen Auftritt, und dann haben sie Migräne. Wer sich nicht mit dem Tulpenlaub ohne Blüte herumärgern will, kann die Zwiebeln in Töpfen ins Beet setzen. Die können dann nach der Blüte herausgenommen und bis zum Herbst zwischengelagert werden, für einen neuen Versuch. Es gibt aber durchaus Tulpenzwiebeln, die treu blühen und sich vermehren, Jahr für Jahr, wenn sie den richtigen Standort haben. Das sind zum Beispiel botanische Sorten wie Tulipa tarda, frühblühende Sorten wie 'Princess Irene', orangerot und duftend, oder die lilienblütige weiße 'White Triumphator', alle drei brauchen sonnige Beetplätze. Einfach mal erkundigen und ausprobieren. Narzissen und vor allem die Wildsorten des Krokus haben diese Probleme eher nicht. Sie vermehren sich, dass es eine Art hat, und blühen zuverlässig, wenn sie nicht zu sehr hochgezüchtet sind.

Abschneiden oder stehen lassen?

Zwiebelpflanzen führen uns zuverlässig zurück zu den Stauden. Abschneiden oder stehen lassen? Auf den malerischen Reif im Winter hoffen oder der verregneten Unordnung vorbeugen? Die

„Der Herbst arbeitet gern im großen Stil."
Karel Capek (1890–1938)

Zwiebelpflanzen sind ein Argument fürs herbstliche Zurückschnei-
den. Strukturliebhaber dagegen lassen alles stehen, schneiden im
Frühjahr und setzen die Zwiebeln woandershin. Bei den jeweiligen
Vorlieben gibt es nur wenige Regeln: Gräser sollten im Herbst nie
geschnitten werden, und alles mit Mehltau oder anderem Befallene
sollte unbedingt geschnitten werden. Dazwischen guckt jeder, wie
er es gern hätte. Zum Oktoberfarbenrausch gehören winterharte
Fuchsien. Diese eher altmodische Pflanze hat ein unglaubliches
Blühpotenzial im Halbschatten. Inzwischen gibt es viele Sorten in
unterschiedlichen Formen und Farben, die nicht mühsam ins Haus
geholt werden müssen. Wer sie zu Frühblühern setzt, kann sich
über ein lückenlos blühendes Beet freuen. Sie wachsen in lockeren
Büschen wie Fuchsia magellanica 'Gracilis' oder als kleine,
kompakte Blühwunder wie die Fuchsia-Hybride 'Tom Thumb'.
Und sie lassen sich leicht vermehren: Stecklinge – am besten in
Büscheln – in Töpfe mit Blumenerde stecken, das gibt schnell
üppige Pflanzen. Zurückgeschnitten werden sie im Frühjahr, wie
andere Halbsträucher und Sommerblüher auch.

Feierlicher Abschied

Die Weinlese und der Erntedank gehören in den Oktober. Seinen
Beinamen „golden" verdient er, auch ohne Sonnenschein. Er hat
etwas Festliches, und er mahnt an Abschied. Von der Pracht eines
wunderbaren Sommers, von den Blüten und Früchten. Von den
Kranichen, die ein zweites Mal in diesem Jahr über uns hinwegzie-
hen, diesmal in Richtung Süden. Es ist Zeit, hinterherzuwinken,
Farbe zu tanken und sich auf gärtnerische Zwangspausen einzu-
stellen. Wem das schwerfällt, der sei an seine Klagen neulich
erinnert. Zum Beispiel über die Dauerjagd auf das eingeschleppte
winzige Springkraut, das eigentlich Gartenschaumkraut oder
Cardamine hirsuta heißt, wie wild durch den Garten springt und
sich entgegen der Angaben in Pflanzendatenbanken das ganze Jahr
hindurch aussät. Jetzt soll es gefälligst allein springen, bis zum
nächsten Großangriff.

LIKÖR AUS HAGEBUTTEN

Wenn der Garten nicht mehr alle freien Kräfte beansprucht, empfiehlt es sich, auf einem langen Spaziergang möglichst dicke Hagebutten zu ernten und zu Haus ein Likörchen draus zu machen. Die Früchte der Hunds- und der Sandrose eignen sich gut dazu. Und so geht's:

Etwa **500 g Hagebutten** waschen, Stiele und Blütenansätze entfernen. Früchte aufschneiden, Samen und Härchen auskratzen, gut waschen. (Achtung! Erinnern Sie sich an das Juckpulver Ihrer Kindheit und arbeiten Sie vorsichtig!)

Eine Literflasche zu drei Vierteln mit den Hagebutten füllen, **dann mit Korn oder Rum** (ca. 38-prozentig) auffüllen. Die Flasche sechs Wochen lang an einen sonnigen Platz stellen, von Zeit zu Zeit durchschütteln. Dann den Inhalt filtern und **150 g braunen Kandiszucker** dazugeben. Noch einmal zwei Wochen an einem kühleren Ort ziehen lassen. Anschließend in kleine Flaschen abfüllen.

Notizen und Termine im
OKTOBER

1 _____

2 _____　　　17 _____

3 _____　　　18 _____

4 _____　　　19 _____

5 _____　　　20 _____

6 _____　　　21 _____

7 _____　　　22 _____

8 _____　　　23 _____

9 _____　　　24 _____

10 _____　　　25 _____

11 _____　　　26 _____

12 _____　　　27 _____

13 _____　　　28 _____

14 _____　　　29 _____

15 _____　　　30 _____

16 _____　　　31 _____

November

Der November war im altrömischen
Kalender der neunte Monat, lateinisch
„novem" = neun. Windmond und
Nebelung sind alte deutsche Namen.

DER GARTEN IM
NOVEMBER

*Ab und an hat der November einen überraschend schönen
Sonnentag zu bieten. Meist aber ist er grau. Mal heller, mal
dunkler. Der Abend fängt jetzt schon am Nachmittag an. Dazu
kommt hin und wieder Nebel, der auch noch die Konturen
verschwimmen lässt. Mit dem Novembergarten ist es wie mit
einem Zimmer, in dem das Licht ausgeknipst wird. Die Augen
müssen sich umstellen, vom Farbfeuerwerk des Oktobers auf
Zwielicht und Nuancen.*

Kleine Kunstwerke

*Der Novembergarten hat viel zu bieten, wenn seine Gärtnerin
nicht inzwischen im Haus verschwunden ist und sein Gärtner
sämtliche Fensterläden geschlossen hat. Die kleinen Blättchen
der Scheinbuche leuchten durch den grauen Tag. Das Laub der
Sumpfschwertlilien Iris pseudacorus am Wasserrand färbt sich
von Restgrün über leuchtendes Gelb bis zu Rotbraun in den
Spitzen – wer hat das kleine Kunstwerk je gewürdigt? Die
Fetthenne setzt dezente rotbraune Tupfer ins Beet, die Quitte
winkt mit den letzten, leuchtend gelben Blättern und präsentiert
von heute auf morgen ihr filigranes Geäst ganz ohne Laub. Der
Königsfarn zeigt, wie wunderschön die Farbe Braun sein kann,*

Bei aller Begeisterung über den aufgeräumten Garten nicht vergessen, Laub für den Igel und seine Familie liegen zu lassen.

und die kleinen Blüten der Fuchsia magellanica 'Gracilis' zwinkern leuchtend rot aus einer dunklen Ecke. Wassertropfen sind an einem Ast aufgereiht wie Perlen auf der Schnur, und die Gräser haben einen großen Auftritt im aufgeräumten Beet.

Im November ist vieles geschnitten und aufgeräumt, anderes steht und wartet auf den Raureif und seine Verschönerungskünste. Jetzt ist die Struktur eines Gartens wieder zu sehen. Kleine Mäuerchen tauchen auf, Hecken, Buchskugeln und Wege zeigen deutlich die Idee des Gartengestalters, Pergolen und die geliebte schwere Holzbank sagen: Das hier ist keine verlassene Einöde. Das hier ist ein Garten, der sich ausruht.

Wer seinem Garten gern dabei zusieht, sollte überlegen, was er aufräumt und was nicht. Die Fetthenne lässt sich auch noch entfernen, wenn der Frost sie total dahingerafft hat. Die umgedrehten Tontöpfe machen sich gut auf dem Zaun, besonders mit einem Schneehäubchen. Und die Lieblingsbank ist beim Blick aus dem Fenster Verheißung auf den nächsten Sommer. Auch wenn sie im Frühjahr abgeschrubbt werden muss. Verheißungen machen sich nicht gut in Plastikhüllen oder Abstellräumen.

Der November zeigt einmal mehr: Steine gehören unbedingt zum Garten, zum Beispiel in Trockenmauern aufgeschichtet. Sie sind winterlicher Zufluchtsort für Kröten und Spitzmäuse, um nur zwei Arten zu nennen. Beide ernähren sich von Insekten, Asseln, kleinen Schnecken und Würmern, sind also gute Gartenhelfer. Ebenso wie der Igel: Bei aller Begeisterung über den aufgeräumten Garten nicht vergessen, hier und da Laub für ihn und seine Familie liegen zu lassen.

Novemberwonne Komposthaufen

Für passionierte Gärtner hat der November noch eine spezielle
Wonne: den Komposthaufen. Seine Schönheit erschließt sich dem,
der nach dem Umsetzen die dunkelbraune, krümelige Erde durch
die Hand rieseln lässt und den erdigen Duft einatmet. Das ist
Futter für die Beete, Nahrung für die Stauden. Das ist mindestens
so gut wie ein Kellerregal voller Marmeladengläser nach einer
Einkochschlacht.

Kompost bietet viel Spielraum für erdige Leidenschaften.
Wer einfach nur seinen Kompost-kasten in einer Ecke hat, der
packt Rasenschnitt und die Nadeln der Schwarzkiefer, geschred-
derten Strauchschnitt und hohe Gräser, Schnitt aus dem Gemüse-
und Staudenbeet, Fallobst, Eierschalen, Kaffeesatz und das
Grünzeug aus der Küche hinein. Das Ergebnis ist jeweils verschie-
den. Der Gärtner muss ausprobieren. Wenn er dabei berücksichtigt,
dass Grünes wie Rasenschnitt vor allem reich an Stickstoff ist,
Früchte und Obst viel Phosphor enthalten und der Strauchschnitt
und alles Hölzerne die Komponente Kalium hinbringt, weiß er in
etwa um die Schwerpunkte seines Kompostes. Vor allem weiß er,
dass er Dünger mit vielen Spurenelementen vor sich hat und
entsprechend damit umgehen muss. Es gibt eine Faustregel für die
Menge Kompost, die ein Beet verträgt: zwischen fünf und zehn
Liter pro Quadratmeter. Wobei sandige, leichte Böden eher zehn,
lehmhaltige, schwere eher fünf Liter brauchen. Für Kübel, Töpfe
und Schalen wird empfohlen, den Kompost mit Sand und viel guter
Gartenerde zu vermischen. Wobei das mit der Gartenerde so eine
Sache ist: Was ist mit den Löchern im Beet, die dabei entstehen?

Im November müssen sich die Augen umstellen, vom
Farbfeuerwerk des Oktobers auf Zwielicht und Nuancen.

Nicht nass und nicht trocken

Jeder Kompost sollte aus möglichst vielen verschiedenen Roh-
stoffen bestehen und er sollte beschattet sein, damit er nicht
austrocknet. Steht er auf eher schwerem Boden, besser eine Plane
darüberlegen, damit er bei starkem Regen nicht zu nass wird. Ist
der Haufen zu trocken, bildet sich leicht Pilzrasen, ist er zu nass,
fault er. Samen tragende Unkräuter und kranke Pflanzen, Glas,
Steine, tierische Abfälle und Gekochtes gehören nicht hinein.
Sägespäne, Hobelspäne und Nadeln von Nadelbäumen mag er
nur in kleinen Mengen. Kompost wird warm, und je mehr
Mikroorganismen in ihm arbeiten, umso wärmer ist er. Wenn
er gut gemischt und nicht mehr als 1,5 Meter hoch ist, bekommt
er genug Sauerstoff und die fleißigen Mikroorganismen können

ihr Werk ungestört tun. Der Kompost will nach drei bis sechs Monaten mindestens einmal umgesetzt werden, ehe er das begehrte Endergebnis liefert. Wird er unreif ausgebracht, wirkt er wie Rindenmulch und bindet Stickstoff, statt ihn abzugeben. Gut ist, wenn Tiere den Komposthaufen mögen, vorzugsweise Kompostwürmer, die der schwarzen Produktion auf die Beine helfen. Manchmal finden sich im warmen Kompost auch Mäusenester – Tiere wissen eben, was gut ist.

Doch wer so gar nichts anfangen kann mit seinem Novembergarten, seinen Farben und den Gedanken, die er verursacht, der sollte überlegen, ob er sich jetzt davonmacht, in den Urlaub, ganz weit weg.

PFLANZENSCHILDER

Der November bietet sich an, Garten und Bestandsliste zu durchforsten und die Kennzeichnung der Pflanzenschätze in Angriff zu nehmen. Hier eine Auswahl von Möglichkeiten:

KUNSTSTOFFSCHILDER

Sie eignen sich gut für Pflanztöpfe. Wer die Pflanzennamen auf Papier ausdruckt, sie laminiert und genügend Laminat-Rand stehen lässt, hat wetterfeste Schilder, die er selbst gestalten kann.

HOLZ

Schmal gespaltene Holzstücke oder Lattenabschnitte können neben die Pflanze gesteckt werden. Kleinere Baum- oder Astscheiben eignen sich gut zum Aufhängen an Pflanzen oder Stäben. Hölzerne Mundspatel aus der Apotheke eignen sich für die Kennzeichnung in Pflanztöpfen. Holz kann mit wasserfesten Stiften oder mit dem Brennstab beschriftet werden. Allerdings ist es nicht unbegrenzt haltbar.

TON

Beschriftete Scherben von Tontöpfen lassen sich gut vor Pflanzen stecken. Eleganter sind die größeren Tonfüße für Pflanztöpfe, deren Auflagefläche sich beschriften lässt. Vorgefertigte Tonetiketten speziell für Kräuter gibt es in vielen Formen. Diese Etiketten gibt es auch zum selbst Beschriften.

KERAMIK, EMAILLE

Diese Schilder, oft mit einem dekorativen Metallrahmen versehen, werden gern für Rosen verwendet. Sie sind eher teuer, auch blanko zu bekommen oder werden auf Wunsch beschriftet.

STEIN

Plattenbruch aus dem Steinbruch kann beschrieben und in die Erde gesteckt werden. Schieferbruch kann in Form gebracht werden und als Täfelchen an die Pflanze gebunden oder an einem Stab davor in die Erde gesteckt werden. Kieselsteine eignen sich ebenfalls, allerdings verschwinden sie im Beet, wenn sie zu klein sind. Stein wird mit einem wasserfesten Stift beschrieben und eventuell lackiert.

STÄBE

Kleine Kennzeichnungen, im Frühjahr angebracht, verschwinden im Lauf des Sommers gern im Beet. Wenn die Schilder an Stäben angebracht und neben die Pflanze gesteckt werden, ist die Gefahr nicht so groß.

METALL

Schilder aus Aluminium oder Kupfer können mit einem Spezialstift beschrieben oder geritzt werden.

Notizen und Termine im
NOVEMBER

1		16	
2		17	
3		18	
4		19	
5		20	
6		21	
7		22	
8		23	
9		24	
10		25	
11		26	
12		27	
13		28	
14		29	
15		30	

Dezember

Der Monat ist benannt nach dem
lateinischen Wort „decem" = zehn.
Ursprünglich war der Dezember der
zehnte Monat im altrömischen Kalender.
Alte deutsche Namen sind Julmond,
Christmond oder Heilmond.

DER GARTEN IM
DEZEMBER

Der Garten im Dezember ist auf Winterruhe eingestellt. Stauden sind geschnitten, Rosenstämmchen eingepackt, Empfindliches geschützt. Wenn das Wetter frostfrei ist, lassen sich jetzt die letzten Blumenzwiebeln setzen. Ist es kalt und frostig, bleiben wir lieber im Haus. Die Advents- und Weihnachtszeit ist eine Zeit für drinnen, für Kerzen und Plätzchenduft, für das Schreiben von Weihnachtsgrüßen und Nachdenken über letzte Geschenke.

Wer dabei den Blick in den Garten schweifen lässt, freut sich jetzt über die senkrechten und waagerechten Blickpunkte wie Gräser und Sträucher, Farne und Bergenien. Der sieht die Anmut der zarten Zweige des Schmetterlingsstrauchs Buddleja alternifolia, die sich über die kompakte Buchskugel neigen. Der staunt über die knallroten Äste des Cornus alba 'Sibirica' im weiß beschneiten, von Buchs gesäumten Beet. Und der findet vielleicht sogar – gern in einer dunklen Ecke verborgen – eine Christrose.

Unsere Christrose – eine Diva

Auch die Christrose Helleborus niger 'Praecox' ist ein Dezembertraum. Sie gehört zur Familie der Hahnenfußgewächse und blüht mit etwas Glück im Dezember. Aber schon der englische Winterblumenliebhaber Beverly Nichols stellte fest, dass die

Christrose gewöhnlich „eine kümmerliche, schmutzig aussehende Blume" ist: „Sie sieht aus, als hätte sie einen fürchterlichen Schnupfen." Er hat sie übrigens in tiefen Schatten gepflanzt, damit sie auf langen Stängeln blüht, und eine Glashaube darübergesetzt, um weiße, unbeschädigte Blüten zu bekommen. Es hat bei ihm geklappt.

Helleborus niger liebt kalkhaltigen Boden, will im Sommer trocken, im Frühjahr feucht stehen. Sie liebt die Nordseite des Hauses, Schatten- oder Halbschattenplätze, mag im Winter allerdings gern ein bisschen Sonne. Der Winter darf für sie nicht zu kalt sein. Wenn sie sich entschließt, es mit diesem Garten zu probieren, dann wächst sie gern in verborgenen Ecken wie zum Beispiel in Hecken. Wird sie aus Töpfen, die jetzt verschenkt werden, ins Beet gesetzt, verabschiedet sie sich oft grußlos. Kurz: Unsere geliebte Christrose ist die Diva unter den Helleborus-Arten. Ihre Schwestern sind nicht ganz so zickig: Zum Beispiel

Der Garten im Dezember ist auf Winterruhe eingestellt. Stauden sind geschnitten, Rosenstämmchen eingepackt, Empfindliches geschützt.

fühlt jetzt schon mal Helleborus foetidus, die Stinkende Nieswurz, mit ihren Knospen vor, und die dicken Knospennester des Helleborus argutifolius sind auch schon zu sehen. Die Blüten beider Arten zeigen sich erst Wochen später.

Nistkästen bauen und Frostkeimer ziehen

Der Dezember hat eine besondere Zeit für Gärtnerin und Gärtner im Sortiment, die sogenannte „Zeit zwischen den Jahren". Dann ist genug gefeiert und ausgeruht, dann meldet sich der Tatendrang zurück. Viele räumen jetzt Schreibtisch und Schränke auf. Der Gärtner sieht nach seinen Geräten. Beim Lieblingsspaten wird der Rost abgeschmirgelt, Hacke und Grubber, Schaufel und Sauzahn, Rechen und Gabel und alle Kleingeräte werden gesäubert, alles wird mit Fett oder einem Mittel gegen Korrosion geschützt. Auch die Stiele werden abgebürstet und eingeölt. Der Rasenmäher wird geschrubbt, die Zündkerzen bei Benzinmähern herausgenommen und die Messer geschärft. Das macht der Fachhändler, bei dem der Rasenmäher gekauft wurde. Am besten gleich die gesäuberten Gartenscheren mitnehmen, auch sie können einen Nachschliff gebrauchen.

Der Gärtner, der das alles schon im Herbst gemacht hat, baut in der letzten Dezemberwoche Vogelhäuser und Nistkästen. Ob Futterhaus, Meisenkasten oder Halbhöhle, holzfarben oder bunt bemalt – Anregungen und Baupläne gibt es zum Beispiel bei

Umweltschutzeinrichtungen. Oder er nimmt sich die im letzten Eifel-Urlaub gesammelten Schieferstücke vor und produziert kleine Täfelchen für die Beschilderung seiner Pflanzen. Viele Gartenfreaks verschmähen diese Art der Kennzeichnung. Für die Gärtner aber, die öfter mal scharf nachdenken müssen, was denn hier demnächst wächst, sind diese Tafeln hilfreich. Und hübsch sind sie auch noch.

Die Gärtnerin sieht jetzt ihren Vorrat an Sämereien nach, ob er noch keimfähig ist. In der Regel steht das auf den Tütchen. Wer nicht sicher ist, streut die Samenkörner auf feuchte Watte, wartet ein paar Tage und guckt nach, ob sie reagieren. Wer Frostkeimer wie Primeln und Eisenhut, Enzian, blauen Scheinmohn Meconopsis und Trollblume anziehen will, sollte das jetzt tun. Diese Samen werden in Schalen auf ein nährstoffarmes Saatbett ausgesät, vor Vögeln geschützt und nach draußen gestellt. Wenn der Winter warm ist, können die Schalen in eine Plastiktüte gesteckt und in den Kühlschrank gestellt werden, eine Temperatur von unter fünf Grad reicht aus.

Hyazinthen – Vorfreude

Die ungeduldige Gärtnerin holt sich gern den vorgezogenen Frühling auf die Fensterbank, besonders die Hyazinthen mit ihrem wunderbaren Duft eignen sich gut dafür. Wer schon früh genug daran gedacht hat, hat mit Kälte vorbehandelte Zwiebeln auf ein spezielles Glas gesetzt, in dem unten warmes Wasser mit etwas Aktivkohle eingefüllt ist. An einem dunklen Standort oder mit einem darübergestülpten Hütchen bei zehn Grad brauchen die Zwiebeln etwa zwölf Wochen, bis sie Wurzeln gebildet haben, sich eine Knospe zeigt und das Glas auf die warme Fensterbank gesetzt werden kann. Wer sich die Mühe nicht machen möchte, der kauft sich die kleinen Töpfe, die in Gärtnereien und Gartencentern angeboten werden. Die haben den Vorteil, dass sie im Frühjahr ins Beet gesetzt werden können. Die im Garten eher verpönte, kompakte Form entwickelt sich im Lauf der Jahre zu einem filigranen, zarten Blütenstand – je älter die Hyazinthe im Beet, umso interessanter sieht sie aus. Ein weiterer Vorteil ist, dass Mäuse sie nicht besonders gern mögen.

Die blaue Stunde genießen

Noch aber ist es nicht so weit. Noch sind Tannen- und Kiefernzweige, Amaryllis und Weihnachtssterne im Zimmer dominant. Noch sind Kerzen und Plätzchenduft angesagt. Die dunklen Tage haben durchaus ihre Vorzüge: Nie ist die „blaue Stunde" schöner als im Dezember. Wenn dann das Abendlicht noch auf Schnee fällt, die Engel Plätzchen backen und den Himmel dabei in fantastische Farben tauchen, ist das nicht nur für Kinder ein Höhepunkt. Bei aller Hektik der Vorweihnachtszeit gibt es immer wieder besondere Momente für die Lieblingsmusik und den aromatischen Tee, zum Erzählen und Zuhören, zum Träumen und Vogelbeobachten für den, der diese Momente am Kragen packt.

Der Gärtner, der im Herbst schon alles gemacht hat, baut in der letzten Dezemberwoche Vogelhäuser und Nistkästen.

VIELSEITIGE BERGENIEN

Schon Anfang des vorigen Jahrhunderts sprach sich die Gartengestalterin Gertrude Jekyll für diese Pflanze aus der Familie der Steinbrechgewächse aus. Die Pflanzen, die in England „Elefantenohren" heißen, lohnen einen zweiten Blick:

Bergenien sind das ganze Jahr hindurch sehenswert und wirken niemals aufdringlich. Sie unterstützen andere Stauden, sorgen für Strukturen und bieten dem Auge einen Ruhepol im Wirrwarr einer feingliedrigen Staudenrabatte. Bei der Gestaltung lassen sie sich besonders an Weg- und Rasenrändern gut einsetzen, an Ecken, wo der Weg eine Kurve macht, an Stellen, die betont und strukturiert werden sollen, an Anfang oder Ende eines Beetes. Überall dort, wo gern Buchs gepflanzt wird, machen sich auch Bergenien gut.

Bergenien sind genügsam, wachsen auf jedem Boden und in fast jedem Licht. Am liebsten stehen sie in der Sonne. Sie lassen sich gut durch Teilung vermehren. Sie blühen ab März bis in den Mai hinein, manche blühen im Herbst ein zweites Mal. Ihre Blüten sind von weiß über hellrosa bis dunkelpinkfarben, ihre Blätter von rund bis länglich, die Blattgrößen sind unterschiedlich. Die Blätter eignen sich gut für die Einrahmung von Blumensträußen, sie sind lange haltbar.

EINIGE INTERESSANTE SORTEN
• **Bergenia 'Abendglocken':** Rote Winterfärbung der Blätter, dunkelrote Blüte • **Bergenia 'Bressingham Ruby':** Dunkelrote Winterfärbung der Blätter, rosa Blüten • **Bergania 'Eroica':** Rote Winterfärbung der Blätter, purpurviolette Blüten • **Bergenia 'Baby Doll':** Kleine grüne Blätter mit bräunlicher Winterfärbung, eignet sich gut als Bodendecker, rosa Blüten • **Bergenia 'Winterglut':** Rote Winterfärbung der Blätter, rote Blüten • **Bergenia 'Morgenröte':** Grüne Blätter im Winter, karminrosa Blüten, blüht mehrmals im Jahr

Notizen und Termine im
DEZEMBER

1 _____

2 _____   17 _____

3 _____   18 _____

4 _____   19 _____

5 _____   20 _____

6 _____   21 _____

7 _____   22 _____

8 _____   23 _____

9 _____   24 _____

10 _____   25 _____

11 _____   26 _____

12 _____   27 _____

13 _____   28 _____

14 _____   29 _____

15 _____   30 _____

16 _____   31 _____

TIPPS IM ...

Herausgeber: Redaktion Landlust,
Hülsebrockstraße 2–8, 48165 Münster,
Tel.: 02501/801-6112, Fax.: 02501/801-6119,
Internet: www.landlust.de,
E-Mail: Redaktion@landlust.de

Chefredakteurin: Ute Frieling-Huchzermeyer

Text: Renate Tegtmeyer
Beratung: Dr. Christa Huchzermeyer

Fotos: Christiane Bach (13), D. Baumjohann (3), Anja
Birne (15), Blickwinkel (16), Jonathan Buckley (2), Torie
Chugg (2), Dieter Damschen (2), Heinz Duttmann (1),
FLPA (1), Michelle Garrett (1), Modeste Herwig (2),
Jacqui Hurst (1), Andrew Lawson (2), Dr. Heidi Lorey (10),
Marion Nickig (16), Derek St. Romaine (1), Andrea
Schneider (5), Thomas Tegtmeyer (1), Steven Wooster (1),
Dr. Albrecht Ziburski (1)

Zeichnungen: Mona Neumann

Titelfotos: Christiane Bach (1), Anja Birne (1), Dieter
Damschen (1), Andrea Schneider (1)

Layout: Heike Gütting, Frank Hegemann

Verlag: Landwirtschaftsverlag GmbH,
48084 Münster, Tel.: 02501/801-0, Fax.: 02501/801-204,
Internet: www.lv.de, E-Mail: service@landlust.de

Druck: Griebsch & Rochol Druck GmbH & Co. KG

2. Auflage 2013

© Landwirtschaftsverlag GmbH,
Münster-Hiltrup, 2012

ISBN 978-3-7843-5262-6